やさしくわかる!

文系のための
東大の先生が教える

光の不思議

監修
吉田直紀
東京大学大学院教授

はじめに

人の五感はとても優れていて，周囲の様々な変化を常に感じています。中でも視覚は重要な役割を果たしていて，辺りの明るさや遠くの物の大きさ，形や色など，たくさんの複雑な情報を私たちは瞬時に処理できます。**これらの情報はすべて，あらゆる方向から光として伝わってきて私たちの目に届きます。**本書では，私たちに身近で重要な「光」について現代科学の観点から解説します。はじめに光を一つの波として考え，光の屈折や干渉といった，よく目にする現象から考察していきます。次に，光が物に当たって反射したり，あるいはその一部が吸収されてしまうことで物の「色」が生み出されることを学びます。光についてこれまで知らなかったことや不思議に思っていたことがよく分かるようになるでしょう。湖面のきらめきや夕焼けなどの美しい光景についても，光の性質を知ることでその感動も深まるのではないでしょうか。

本書の後半では光の「速さ」をテーマに，現代物理学の発展を学び，その一つの到達点でもある相対性理論を紹介します。**アインシュタイン博士がつくりあげた相対性理論は私たちが存在する空間や時間についてまったく新しい見方をあたえるもので，その帰結としてさまざまな面白い現象を予言します。**光よりも速く動く物は存在するのでしょうか。こうした素朴な疑問にも，現代科学の最先端の知識を使ってお答えします。

本書では分かりやすいイラストをたくさん使っていますので，日常の現象から光の基本的な性質についてイメージをつかんでいただけると思います。光の正体は何か，どうして光は曲がったり反射したりするのか。日常の現象から光の正体に迫りましょう。

監修
東京大学大学院理学系研究科教授
吉田直紀

目次

1時間目 光が生む不思議な現象

STEP 1

光は折れ曲がる!

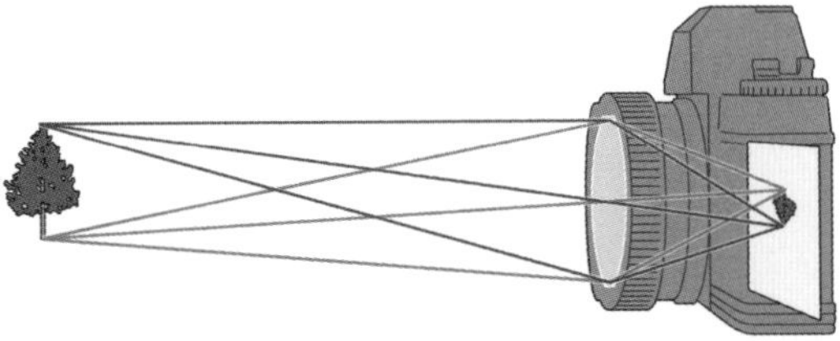

STEP 2

はね返る光のおかげで物が見える

STEP 3
飛び散る光，重なる光——散乱と干渉

2 時間目 光と色の三原色

STEP 1

3色の組み合わせで，色が決まる

3時間目　光の正体を求めて

STEP 1

光の速さの探究

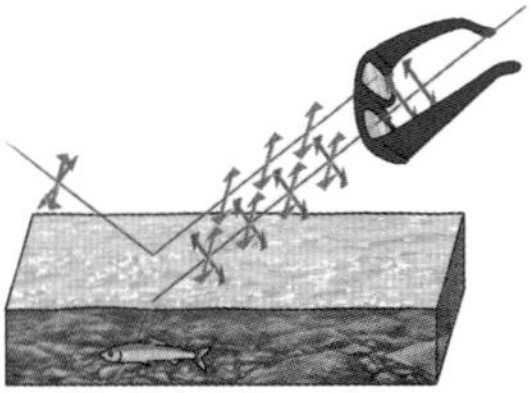

STEP 2

光の正体は，波でもあり粒子でもある

4 時間目 常識をくつがえした光速度不変の原理

STEP 1

光の速さは常に変わらない

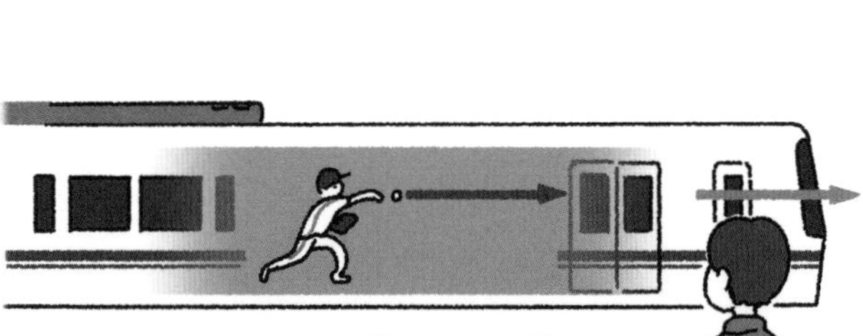

STEP 2

超光速は実現不可能？

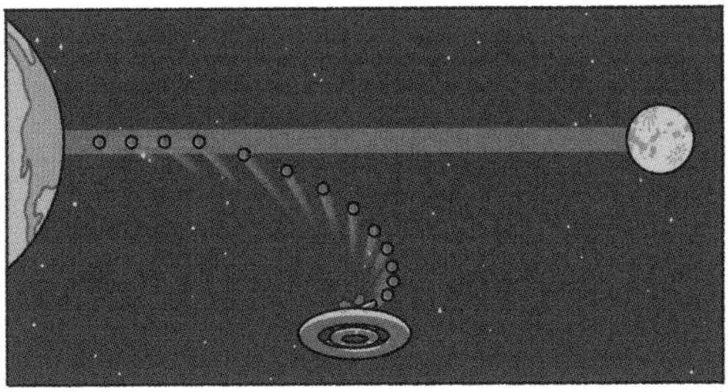

とうじょうじんぶつ

吉田直紀先生

東京大学で宇宙論を
研究している先生

理系アレルギーの
文系サラリーマン（27歳）

1時間目

光が生む不思議な現象

STEP 1

光は折れ曲がる！

私たちにとって，ごく当たり前に存在する「光」は，さまざまな面白い現象を引きおこします。ここでは，「光の屈折」について取り上げてみましょう。

太陽の光は，実はカラフル

先生，今日は**光**について教えてもらいたくてやってきました！　光って私たちの生活の中でありふれたものなのに，どういうものなのかよくわからないんですよね。

光に目をつけるとは，やりますね。
光の性質や光がおこす現象には興味深いものがたくさんあるんですよ。まずは，ありふれた**太陽の光**からお話をはじめましょう。

太陽！

早速質問です。
太陽の光の色って何色だと思いますか？

太陽の光の色!?
考えたこともありません。

うーん……太陽のほうを実際に見ると，ものすごくまぶしくて白っぽく見えますよね。

おー，そうですね。
太陽の光は**白色光**といい，日中の太陽は白っぽく見えます。**でも，実際にはこの太陽の光には，青色や赤色などさまざまな色が含まれているんですよ。**

えっ，全然，青や赤には見えませんよ！

太陽がさまざまな色の光の集合であることは，理科の実験で使った，**プリズム**とよばれるガラスでできた三角形の器具を使えば，よくわかります。
やってみましょう，ほら。

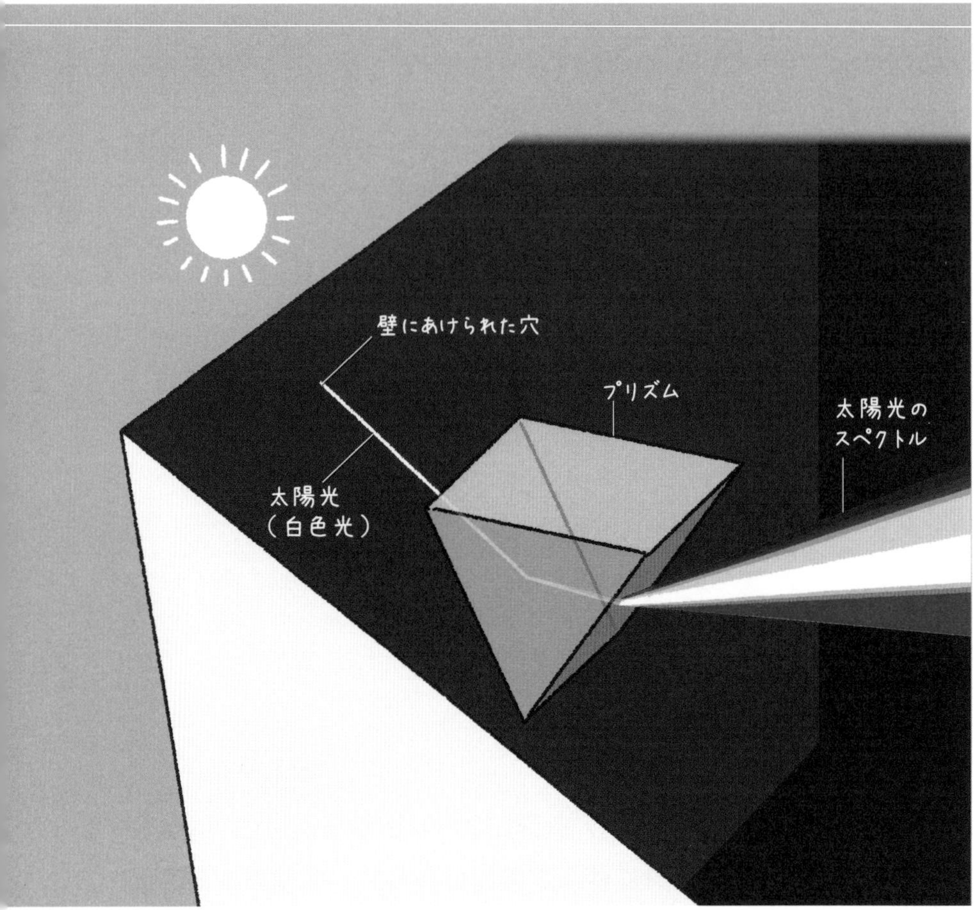

うわっ，いくつもの色の帯に分かれました！
すごくきれいですね。

プリズムに太陽光を通すと，さまざまな色からなる光の帯があらわれるというのは，イギリスの科学者**アイザック・ニュートン**（1642〜1727）が発見しました。

この光の帯は**太陽光のスペクトル**とよばれ，このように光がさまざまな色の光に分解されることを，光の**分散**といいます。

ニュートンって，万有引力を発見したあのニュートンですよね？　光に関する発見もしていたんですね。

アイザック・ニュートン
（1642～1727）

ええ，光に関する発見もニュートンの主要な業績の一つです。太陽光のスペクトルは**虹**のようなものだと思えばよいでしょう。虹と同じように一方の端から，赤，橙，黄，緑，青，藍，紫（日本工業規格の標準色名では菫）と7色に見えるんですよ。

7色に！
きれいですね～。

ただし，この7色という数え方には，科学的な意味はありません。
それぞれの色には明確な境界などないのです。

えっ？
虹は7色じゃない!?

実際，世界には**虹の色は6色**とする国もあるそうですよ。太陽光のような白色光には，むしろ**無数の色の光が含まれている**といったほうが適切でしょう。

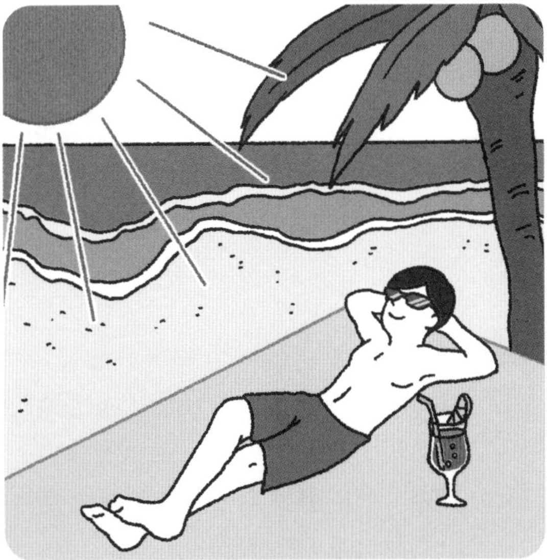

光が水に入って曲がるのは，速さが遅くなるから

プリズムの実験，すごかったなぁ。
まさか太陽の光の中に，無数の色が含まれていたなんて。
先生，なぜプリズムに通すと，太陽の光を分解することができるんでしょうか？

それは，光が**屈折**するためです。

くっせつ？
なんか昔理科の時間に習ったような記憶が……。

光の屈折は，とても興味深くて便利な現象です。
この屈折について，しばらくお話ししましょう。

ぼんやり思いだしてきました。
くっせつって，たしか光が曲がるんですよね？

ええ，そうです。
たとえば，空気中を進んできた光が，水やガラスなどの透明な物体に入る（入射）と，光の一部は表面で**反射**されますが，残りは**屈折**をおこして，光の進路が曲げられてしまいます。

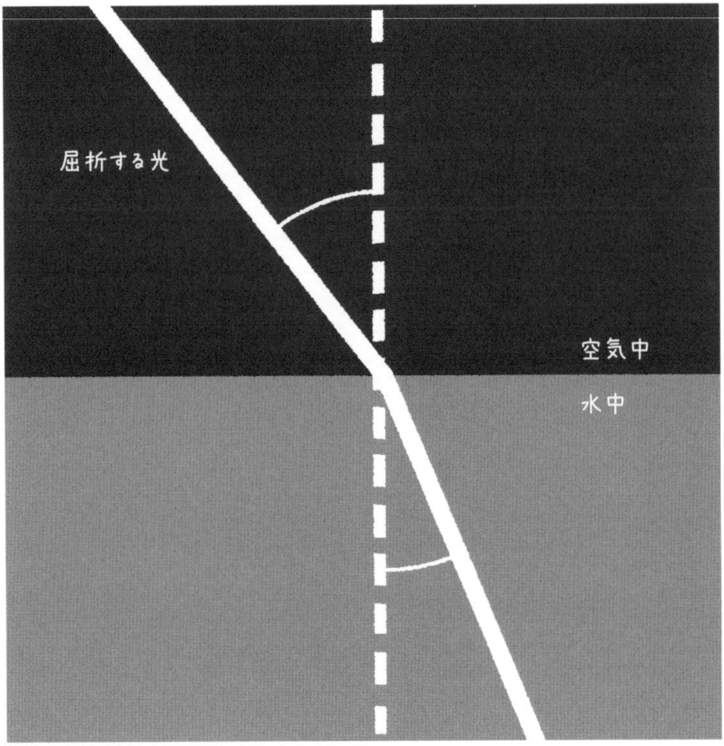

どうして水やガラスの中に入ると，光は曲がるんですか？

それは光の速さが，空気中よりも水やガラスの中のほうが遅くなるからです。

光の速さ？

はい。
光は，空気も何もない真空の空間なら，**秒速約30万キロメートル**という，ものすごい速さで進みます。
しかし，空気中では，空気の分子に邪魔されるため，真空中よりも少しだけ遅くなります。ただし，その減速の割合はごくわずかです。

ふむふむ。

さらに水の中では，光は**秒速約23万キロメートル**にまで減速します。そして，レンズなどに使われる石英ガラスの中では**秒速約21万キロメートル**ほどになります。これは水やガラスの分子が，光の進行を邪魔するからです。

へぇ，水中と空気中で光の速さがちがうのか～。
でも光の速度と屈折には何の関係があるんですか？

光の屈折がおきるしくみは，**棒で連結された二つの車輪**で模式的に考えることができます。
次のページのイラストを見てください。
連結された二つの車輪が転がりやすい**舗装道路**から，転がりづらい**砂地**に斜めに入ります。砂地には，向かって左側の車輪が先に入ります。
さぁ，このあと何がおきると思いますか？

いや，普通に舗装道路から砂地にまっすぐ進むんじゃないですか？

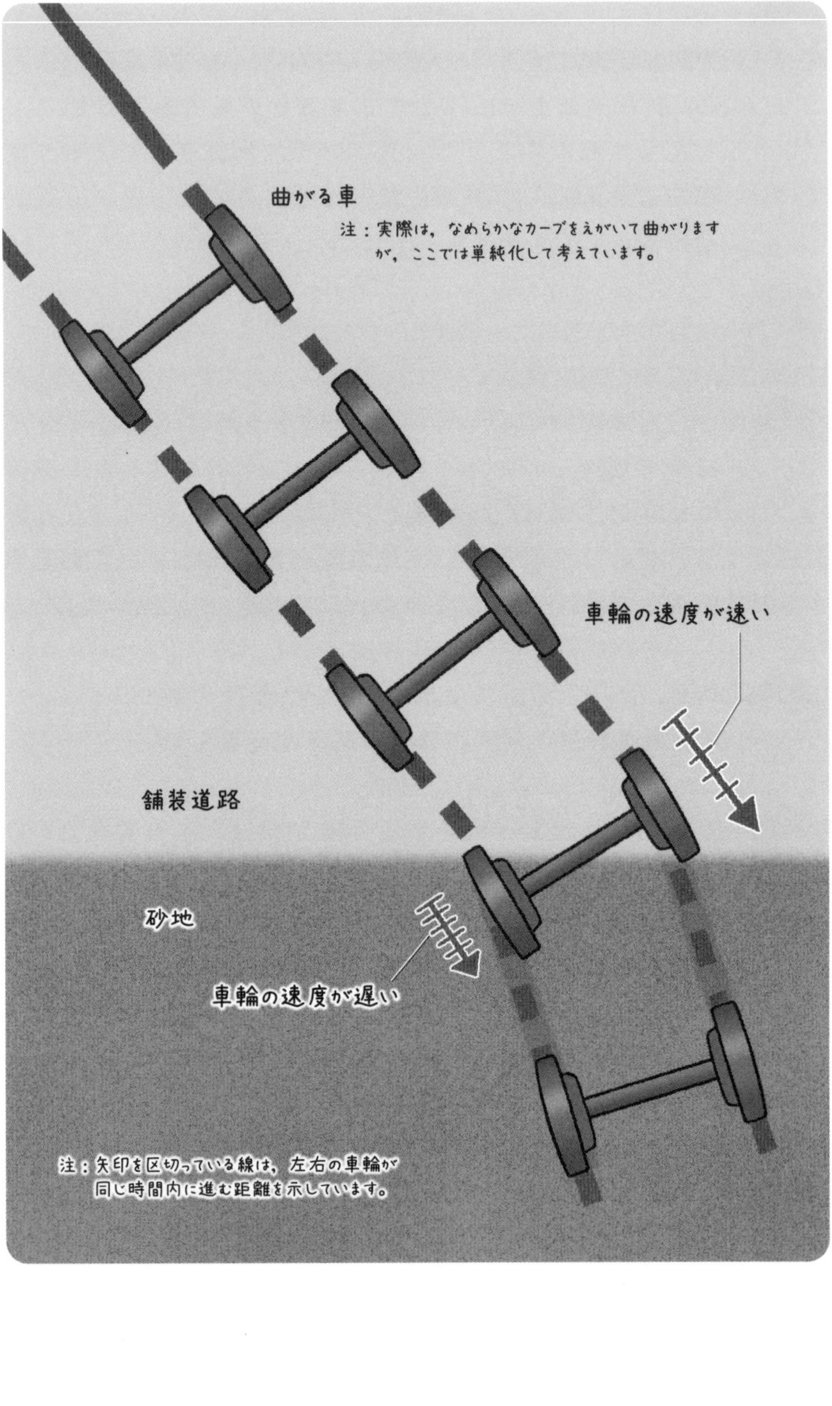
曲がる車
注：実際は，なめらかなカーブをえがいて曲がりますが，ここでは単純化して考えています。
車輪の速度が速い
舗装道路
砂地
車輪の速度が遅い
注：矢印を区切っている線は，左右の車輪が同じ時間内に進む距離を示しています。

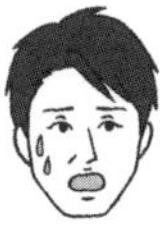

いいえ，そうはならないんです。
左側の車輪が砂地に入ると，左側の車輪の速度は落ちますが，右側の車輪はまだ舗装道路の上にあるので速度は落ちません。
すると，左右の車輪の速度差のために，進行方向が曲がってしまいます。

なるほど！
左の車輪だけスピードが落ちるから，進路が曲がっちゃうんですね。

じゃあ今度は，**光**で考えましょう。
次のページのイラストを見てください。
光を幅のある帯だと考えると，車輪の例と同じように，水に入射すると光の左側の進む速度が落ちます。
しかし右側はまだ水に入っていないので速度は落ちません。そのため，さっきと同じ理由で，光は曲がってしまうのです。これが**屈折**です。

おー，さっきの車輪と同じですね！
トラック走で，外側の走者は，内側の走者よりも長い距離を走ることに似ていますね。

ええ。ここでは空気中から水中に光が入るときの屈折を考えましたが，逆に水中から空気中に光が入るときも屈折がおきます。

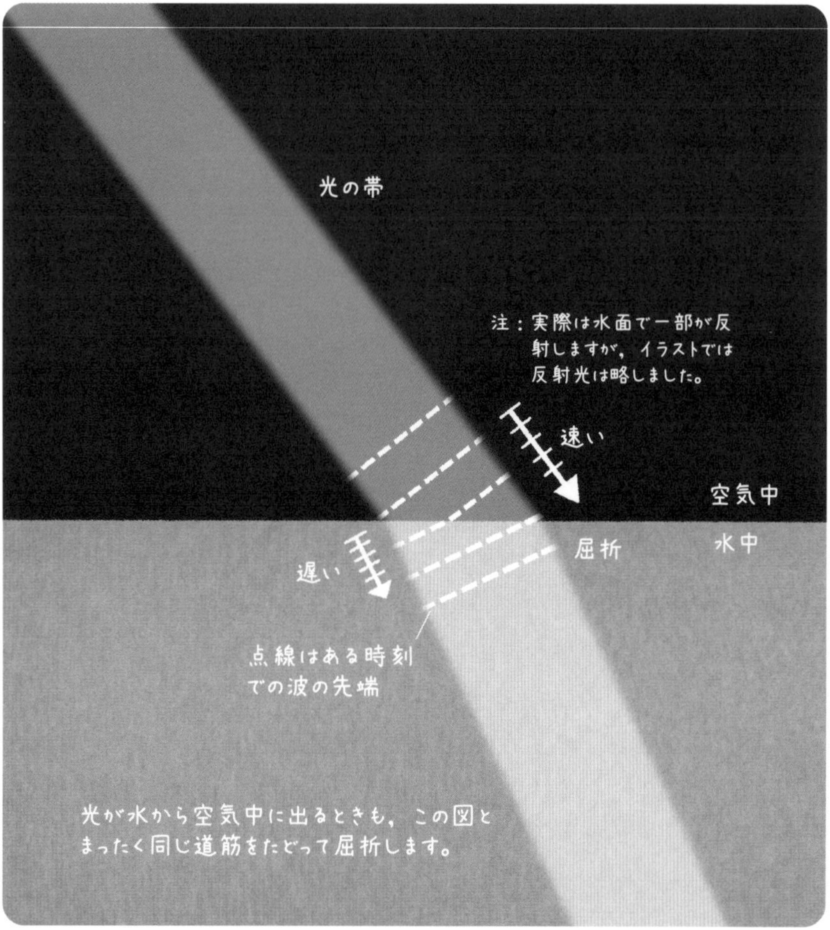

もしかして，水だけでなくてガラスに入るときにも屈折がおきるんでしょうか？

その通りです。光が別の物質に入るときには，屈折をおこします。

屈折の大きさは物質によって変わります。その大きさは**屈折率**であらわすことができます。

くっせつりつ？

屈折率は，真空とくらべたときの「光の遅くなる程度」を示す指標で，屈折率が大きいほど，その物質中での光の速さは遅くなります。
二つの物質の速度差が大きいほど，すなわち屈折率の比が1からずれるほど，屈折の度合いは大きくなります。

さまざまな物質中での光速

物質名	光速（万km/秒）	屈折率
真空	30.0	1.00
水	22.5	1.33
エタノール	22.0	1.36
石英ガラス	20.5	1.46
水晶	19.4	1.54
サファイヤ	17.0	1.77
ダイヤモンド	12.4	2.42

真空中での光速を，屈折率で割れば，その物質中の光速が求められます。表の屈折率は，波長589.3ナノメートル（ナノは10億分の1）の，橙色の光に対する値です。

水よりももっと光の速度を遅くする物質って，何があるんでしょう？

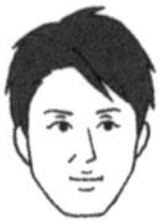

たとえばダイヤモンドは**屈折率**が非常に大きいです。ダイヤモンドの中を通る光の速度は**秒速約12万キロメートル**に低下します。実に真空中の**40％程度**にまで減速してしまうのです。

そ，そんなに遅くなるんですか!?
それくらいだったら，ダイヤモンドの中を光が進んでいるのがわかるかもですね。

いえいえ，減速するとはいっても，猛烈な速さには変わりがありませんから，感覚的には減速に気づくのは不可能です。

そ，そうですか……。

さて，空気と水でおきる屈折について，ちょっと，実験してみましょう。
ここにコップがあります。コップの底にコインを置いて，コップの縁によってコインがぎりぎり見えない角度からのぞきながら，水を注いでみてください。

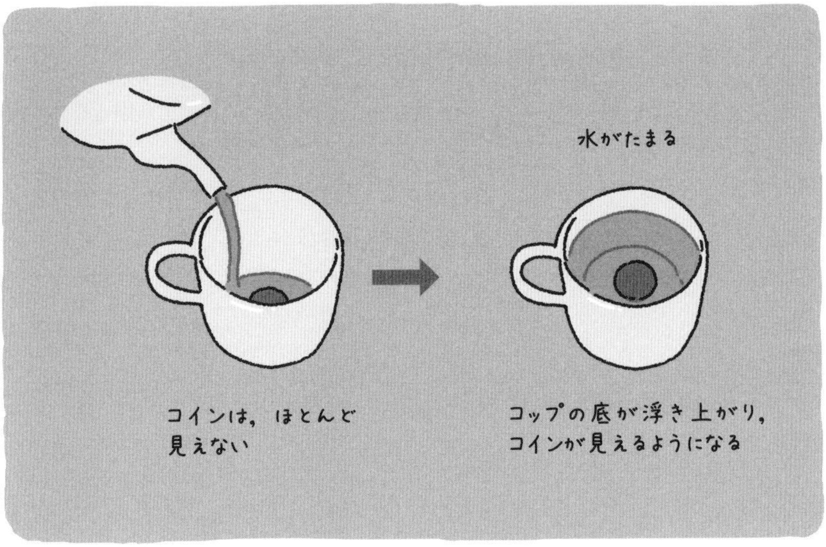

お，水を注ぐと，コップの縁に隠れていたコインが浮き上がって，はっきり見えるようになりました！

そうでしょう。これは，コインからの光が屈折して目に到達したからです。
私たちの視覚は「光は直進してきたはずだ」と認識するので，**コインの虚像**の方向に，コインがあるように見えるわけです。
このように屈折は視覚をまどわせることもあるんです。

そういえば，ジュースを飲むときに，コップのストローが，水面の上と下で曲がって見えますよね？

そうですね。
それも屈折のよい例ですね。

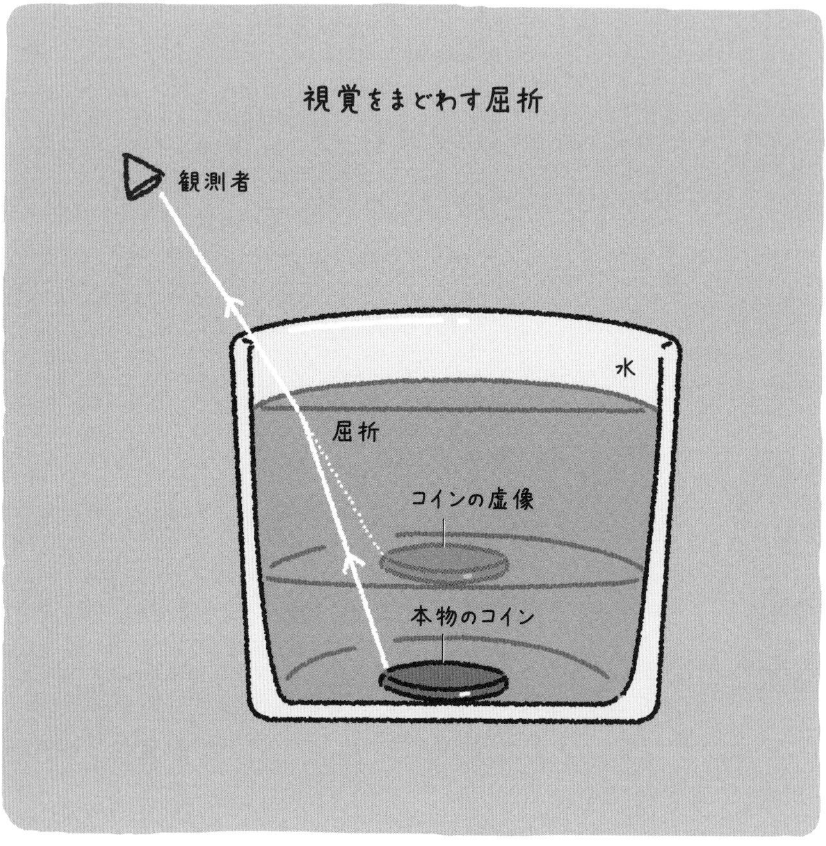

光は色によって，ガラスを進む速さがちがう

では，ここで再び太陽光をプリズムで分ける実験にもどりましょう。
なぜ，太陽光をプリズムに通すと，虹色に分解することができるのか，その理由を考えて見ましょう。

いやぁ，プリズムを通すと太陽光が分解されるのって不思議ですよねぇ。
あっ，そういえば，プリズムもガラスだから，この中では光の進む速度が遅くなっているんでしょうか？

はい，その通りです。
プリズムの中では，光の進む速度が真空中にくらべて遅くなります。
さらに面白いことに，この減速のしかたは，光の色（波長）によってわずかにことなるんです。

色によってプリズムの中を進む速度がちがうってことですか!?

そうなんです。
太陽光に含まれている「赤，橙，黄，緑，青，藍，紫」でいえば，プリズムの中では，赤の光の減速が最も小さく，順に減速が大きくなり，紫で最大になります。

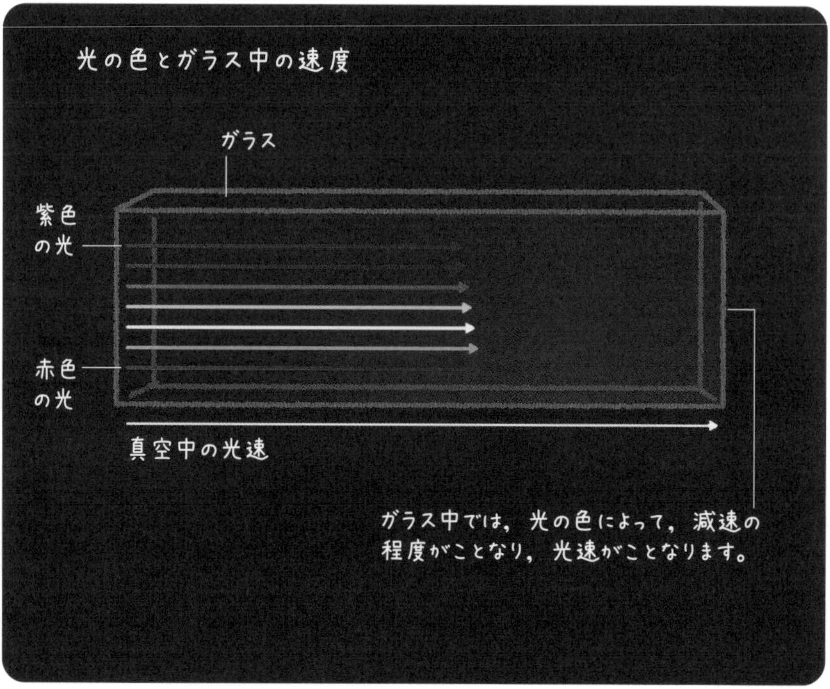

ほう！

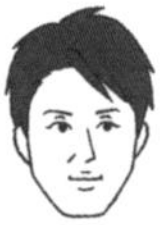
それで先ほどの話を思いだしてください。
速度差が大きいほど屈折は大きくなるんでしたね。

あ！　ということは，色によって曲がる大きさがちがうわけですね！

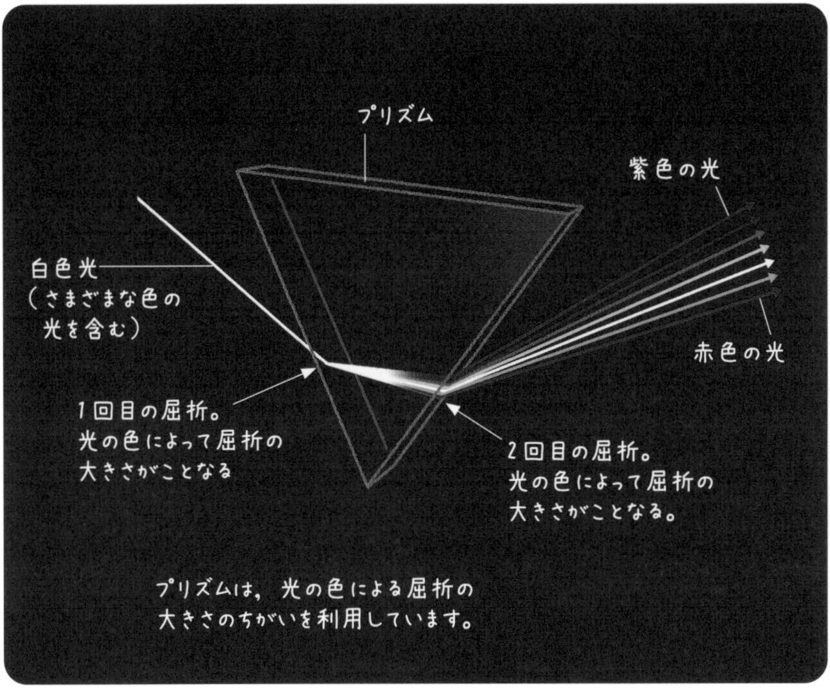

そういうことです！
赤色の光は空気中とプリズム中で速度差が比較的小さいので，あまり大きく屈折しません。一方で，紫色の光は，曲がり方がやや大きくなります。このように，プリズムを通すと，色によって進路が変わるんです。
こうして，プリズムは白色光を虹色に分解させていたのです。

そっか，プリズムに光が入るときにおきる屈折を利用していたんですね。

プリズムに入るときだけではありませんよ。
プリズムの中から光が出るときにも屈折はおきます。
プリズムに光が入るときと出るときで2回屈折させることで，光の色による屈折の大きさのちがいを，きわだたせているのです。

虫眼鏡は，光を曲げて大きく見せる

光の屈折は私たちの生活の中でも役立っています。
たとえば，カメラやメガネ，虫眼鏡に使われる**レンズ**は，光の屈折を利用しているんですよ。

レンズはどのように屈折を利用しているんでしょうか？

レンズには**凸レンズ**と**凹レンズ**があります。
凸レンズは，平行に入射するたくさんの光線を屈折によって**一点に集める**ことができます。虫眼鏡に使われるのが，この凸レンズです。
逆に，凹レンズは，平行に入射する多数の光線を**屈折によって広げます**。近視用のメガネは凹レンズが使われています。

虫眼鏡で見ると，物が大きく見えますけど，どうして大きく見えるんでしょうか？

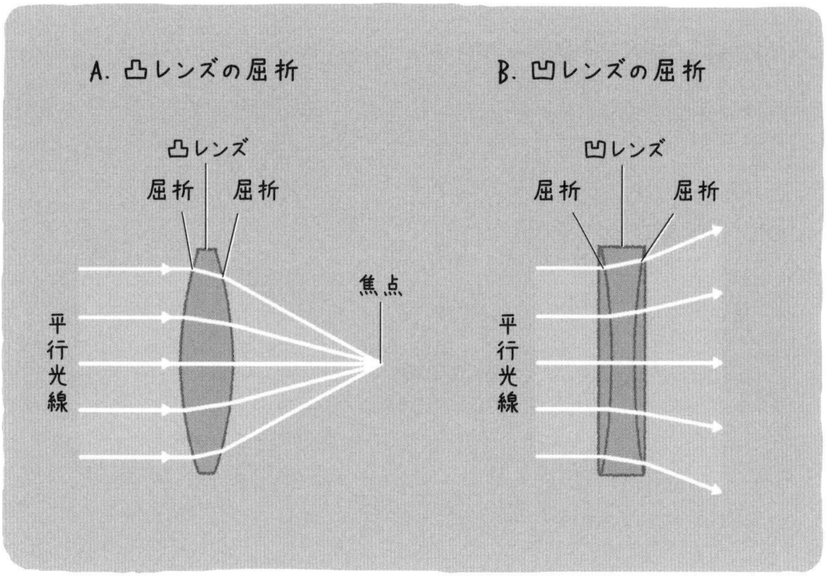

虫眼鏡は凸レンズですね。
たとえばここに，文字の「N」があります（次のページのイラスト）。このNを虫眼鏡の凸レンズを通して見た場合を考えてみましょう。
太陽や照明の光は，物体に当たってさまざまな方向に反射されます。Nの上端Aで反射された光は，レンズで曲げられてから目に届きます。

ふむふむ。

虫眼鏡で物が大きく見えるわけ

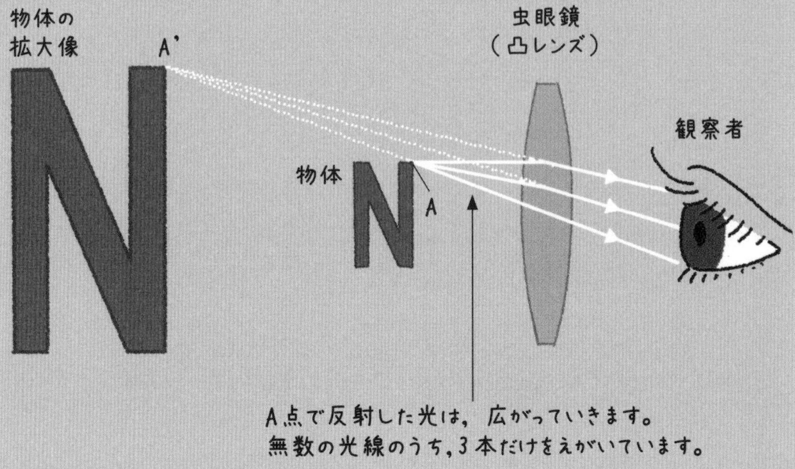

これらの光線を，元のNの先までまっすぐ延長してみましょう。そうすると，A'の1点でまじわります。私たちの視覚は，「光はまっすぐ進んできたはず」と認識するため，このA'にNの上端がほんとうにあるように見えます。

なるほど。

物体の各点で同じことがいえます。このため，凸レンズを通して見ると，物体が拡大して見えるわけです。

屈折を利用してピントを合わせる近視用の眼鏡

近視や遠視の人がかける**眼鏡**も，レンズの身近な応用例です。

目がよくない人がメガネをかけると，くっきり見ることができるようになるのはなぜですか？

そもそも，目は，**水晶体**というレンズでピント調節を行い，目の奥にある網膜で光が1点で集まるようになっています。

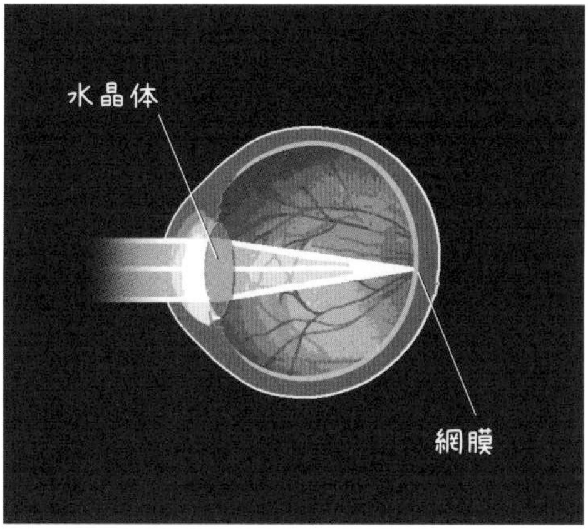

でも，たとえば**近視**の人は，遠くを見るときに目の**網膜の手前**で焦点を結んでしまっています。

これは，水晶体が光を屈折させすぎているか，あるいは角膜から網膜までの距離が長すぎるといった原因が考えられます。

近視の人の焦点

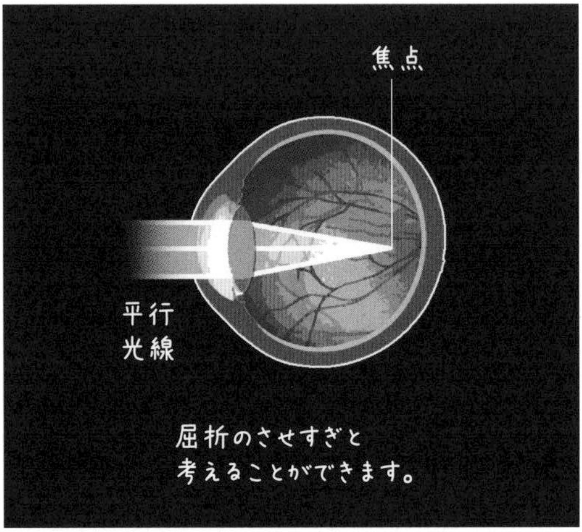

ほうほう。

そこで近視用の眼鏡では凹レンズを使います。
凹レンズでいったん光を広げてやれば，網膜に焦点を結ぶようになるわけです。

なるほど〜。

近視用の凹レンズの眼鏡

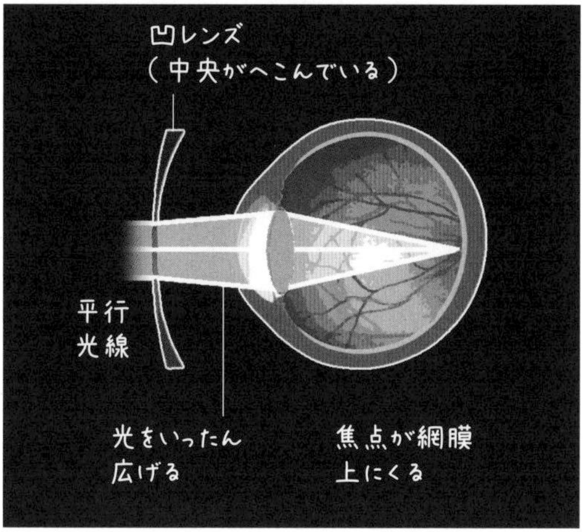

そういえば，父は**老眼用のメガネ**をかけているんですが，これは近視用のメガネとはちがうんですよね？

ええ，老眼や遠視は，近視とちがって近いところが見えづらくなります。
この場合は，水晶体のレンズで屈折のさせ方が足りていないので，**網膜より後ろ**に焦点がきてしまっているのです。そこで遠視用の眼鏡では，**凸レンズ**が使われます。**凸レンズで少し光をせばめて，足りない分の屈折を補っているわけです。**

近視用のメガネは凸レンズ，遠視用のメガネは凹レンズということなんですね。

遠視の人の焦点

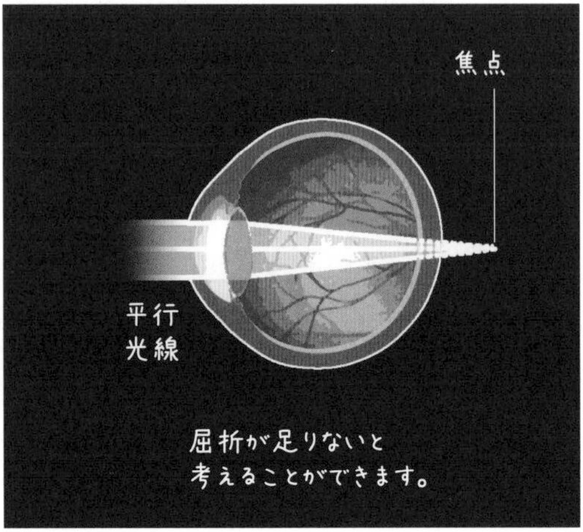

遠視用の凸レンズの眼鏡

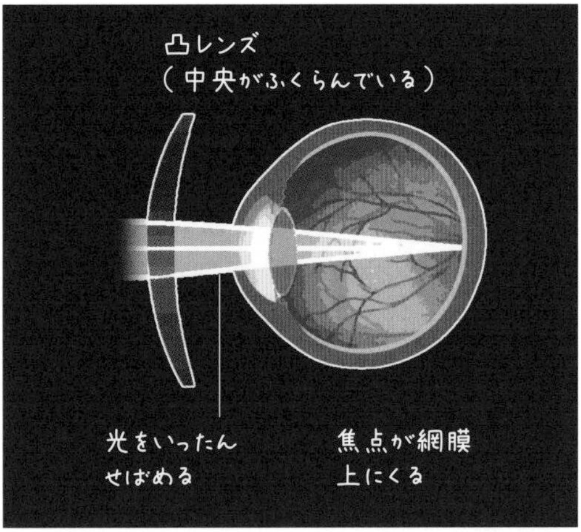

はい，そうです。
また，レンズはカメラでも欠かせません。

私もよく一眼レフカメラを使っているんですけど，いいレンズはめちゃくちゃ高いんですよね〜。
カメラの中でレンズはどういう機能をはたしているんでしょうか？

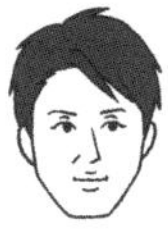

カメラで使われているのは**凸レンズ**です。
次のイラストを見てください。物体の「点X」からさまざまな方向に反射した光は，凸レンズによってふたたび「点X'」に集められます。同じように「点Y」からの光はふたたび「点Y'」に集まります。

カメラは凸レンズで光を集める

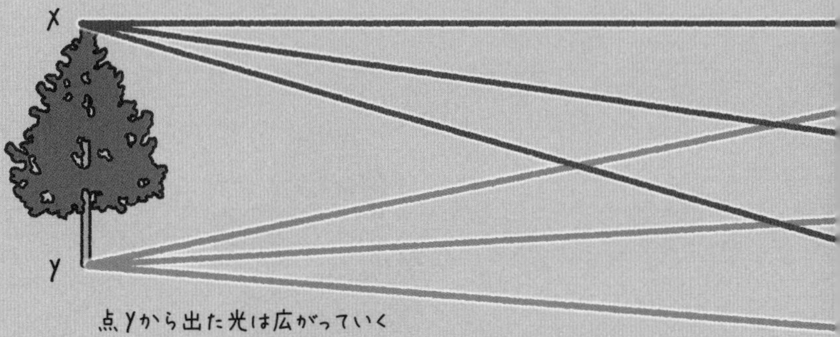

注：実際のカメラの構造は，複数のレンズを組み合わせて使うなど，もっと複雑です。
ここでは基本原理を説明するためにカメラの構造を簡略化してあります。

ふむふむ。

物体のあらゆる点で同じことがなりたつので，ここにCCD（電荷結合素子）イメージセンサを置いてやれば，そこには物体の像ができます。
CCDではなく，白いスクリーンを置いても物体の像が映ります。

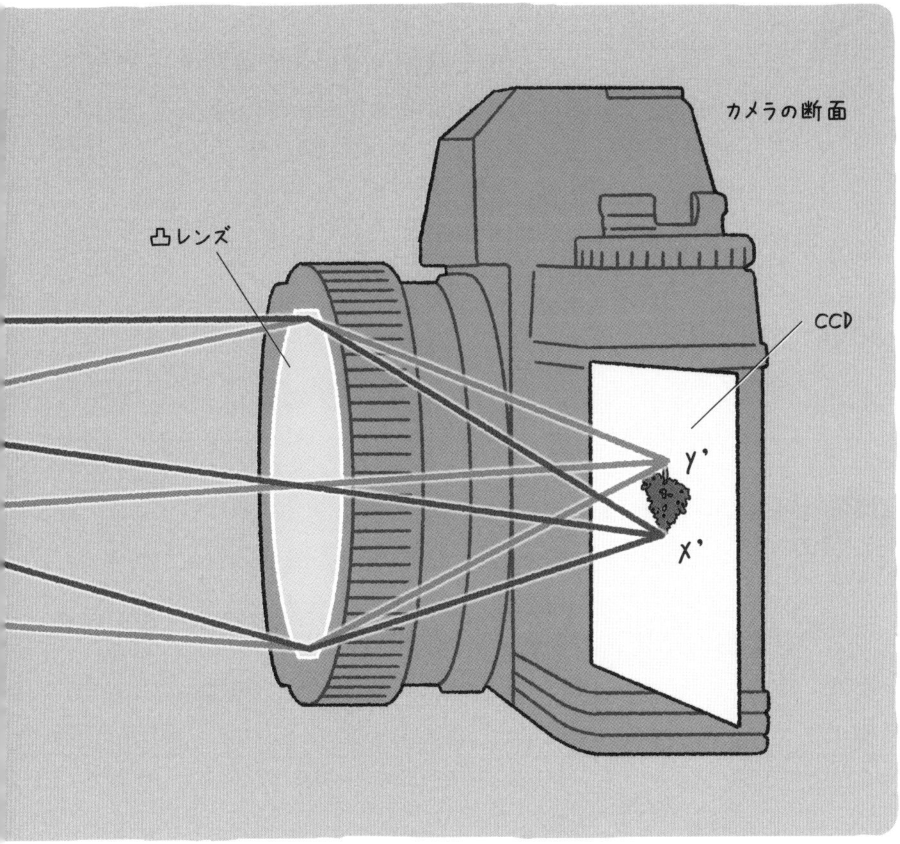

なるほど〜。
レンズで光を集めることで，像を結ぶことができるわけですね。
カメラのレンズってピンキリで，小さいレンズほど安い傾向にあるんですけど，大きいと何がいいんでしょうか？

先ほどのイラストをもう一度見てください。レンズが小さくなると，レンズが光を受け取る面積が減少するので，点Xから出て点X’に集まる光の量が減っていきます。
そのため，そのままではより暗い写真になってしまいます。明るい写真を撮るにはシャッタースピードを遅くしたりして，光の量を補う必要があるんです。

レンズの大きさは，集める光の量を決める要素ということですね。
カメラにとって，重要ですね！

天体望遠鏡などもそうです。
凸レンズを使って光を集める**屈折望遠鏡**では，直径の大きなレンズほど集光力が大きくなるので，より暗い天体を観測できるようになります。

水滴による屈折が虹をつくる

先生，プリズムのところで，太陽の光は虹色に分解できるっていうお話がありましたよね。
ということは，雨上がりにできる**虹**にも屈折が関係しているんでしょうか？

お一鋭いですね！
その通りです。空にかかる美しい虹もやはり，屈折でおきます。

でも，空にプリズムが浮かんでいるわけはないですし，なぜ虹がおきるんでしょうか？

それは**水滴**がプリズムのようなはたらきをするからです。**私たちが虹を見るとき，私たちの背後には太陽があり，視線の先にはすごく小さな水滴が空中に浮かんでいるという条件が必要です。**
雨上がりに虹を見ることが多いのは，この条件がそろいやすいからなのです。

ふぅむ。
なぜそれで虹が見えるんでしょうか？

空中に浮かんだ水滴に太陽光が当たると，太陽光の一部は水滴の中に入ったのち，内部で反射して外に出てきます。このとき太陽光は，水滴に入るときと，出るときで2回，屈折をおこします。

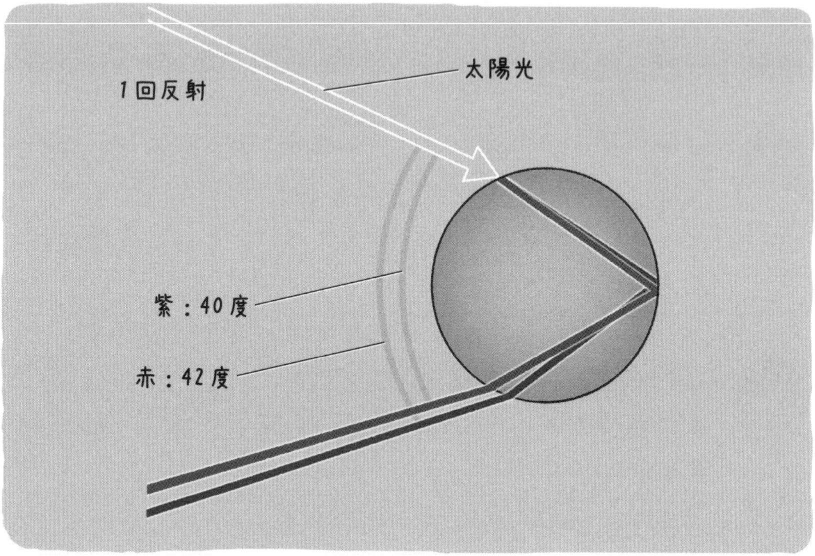

ふむふむ。

30ページで見たように，光は色によって，屈折の大きさがことなるため，**2回の屈折によって，太陽光が虹色に分解されるのです。**

おー，プリズムと同じですね！

はい，そうです。
赤色の光は，太陽光のさす方向から**約42度**の方向に最も強く出てきます。一方，**紫色の光**は**約40度**の方向に強く出てきます。

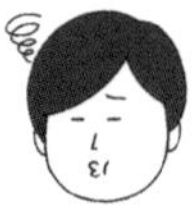

太陽光が水滴によって分解されることはわかりました。でも，それでなぜ虹ができるんですか？

たとえば，ある水滴から赤色の光が届いたとすると，同じ水滴からは紫色の光は少し上にずれて届くので，目には入りません。目に届く紫色の光を出すのは，もう少し下にある水滴になります。
このように，それぞれの色の光が，ことなる高さの水滴から目に届くので，虹が見えるのです。

水滴の高さによって，よく見える色がちがうのかー。
納得しました！

ですから，虹は見る人をはさんで，**太陽と反対方向**に見えます。
また，太陽が低いとき，虹は高い位置に見え，逆に太陽が高い位置にあるときは，虹は低い所にかかるという特徴があるんですよ。

太陽光の角度と，虹ができる角度は，決まっていたんですね。

ちなみに，条件がよければ，くっきりとした虹の外側に，もう一つの淡い虹が見えることがあります。
くっきりとした虹を**主虹**，淡い虹を**副虹**といいます。

二つも!?
副虹は，どうしてできるんでしょうか？

42度
影
虹を見ている人
目に届かない

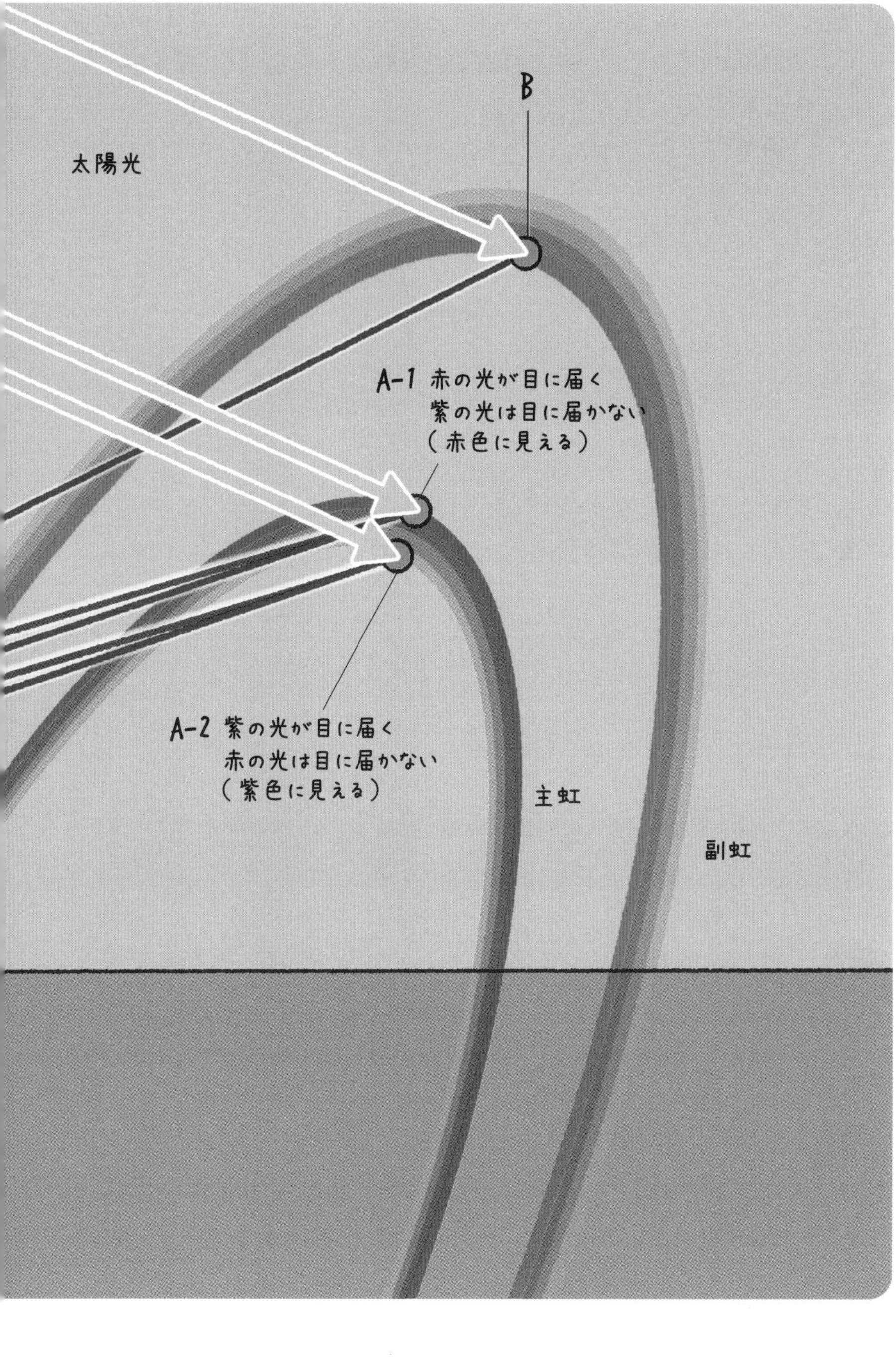
太陽光
B
A-1 赤の光が目に届く
紫の光は目に届かない
（赤色に見える）
A-2 紫の光が目に届く
赤の光は目に届かない
（紫色に見える）
主虹
副虹

副虹は，水滴内で光が**2回反射**することでできます。
副虹の光は，太陽光の方向と50度（赤）～54度（紫）をなす方向に出てきます。
副虹は，赤と紫の水滴から出ていく角度の大小関係が主虹と逆転しているので，主虹と副虹では色の並び順が正反対になるんですよ。

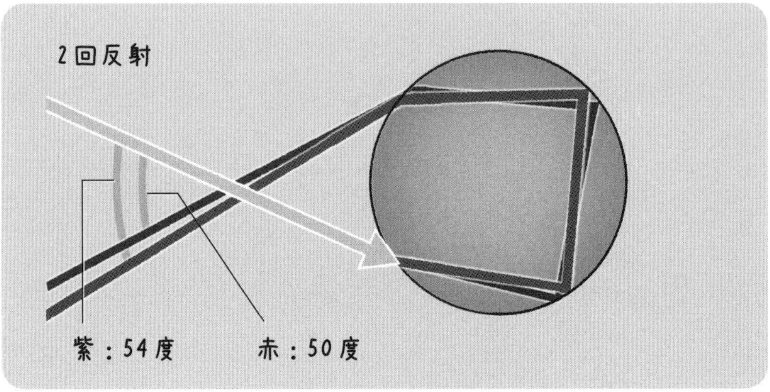

逃げ水も空気中の水滴が原因

夏の暑い日に，アスファルトの道路の先に，水のようなものが見えたり，遠くの景色が映って見えたりしたことはないですか？

ありります！

ユラユラ揺れていて，水たまりに光が反射しているみたいに見えるんだけど，そこには何もないって……。
あれ，何なんでしょう？

それは**逃げ水**とよばれる現象です。

逃げ水？　水が逃げているなんて，うまいいい方ですねぇ。でも，どうしてそんな現象が起こるんですか？

先ほどもお話ししましたが，空気中での光の速さは真空中とくらべると若干遅くなっています。
これは窒素分子や酸素分子などからなる空気の分子が，光の速度を遅くするからです。
そのため，空気分子が濃くあるほど，つまり**空気の密度**が大きいほど，光は遅くなります。まず，この点をおぼえておいてください。

わかりました。
「空気の密度が大きいほど，光は遅くなる」っと……。

逃げ水の話にもどりましょう。
暑い日の地面近くでは，空気が熱せられて高温になっています。熱せられた熱い空気は膨張しているので，空気分子が薄くなっており，冷たい空気にくらべると光は速く進みます。

へー，温度によって空気中を進む光の速さが変わるってことですか？

その通りです。
地面に近いほど空気が熱く密度が小さいので，地面に近い側のほうが速く進むことになります。

つまり，砂地に入って曲がる車輪の理屈と同じで，光は上に向かって曲がります。

ははぁー，なるほど！

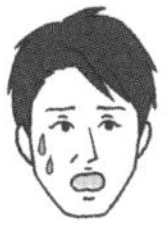

ただし！　砂地の例では舗装道路から砂地にいきなり変わっていますが，この場合は，空気の密度，つまり「空気の屈折率」が連続的に変化しています。

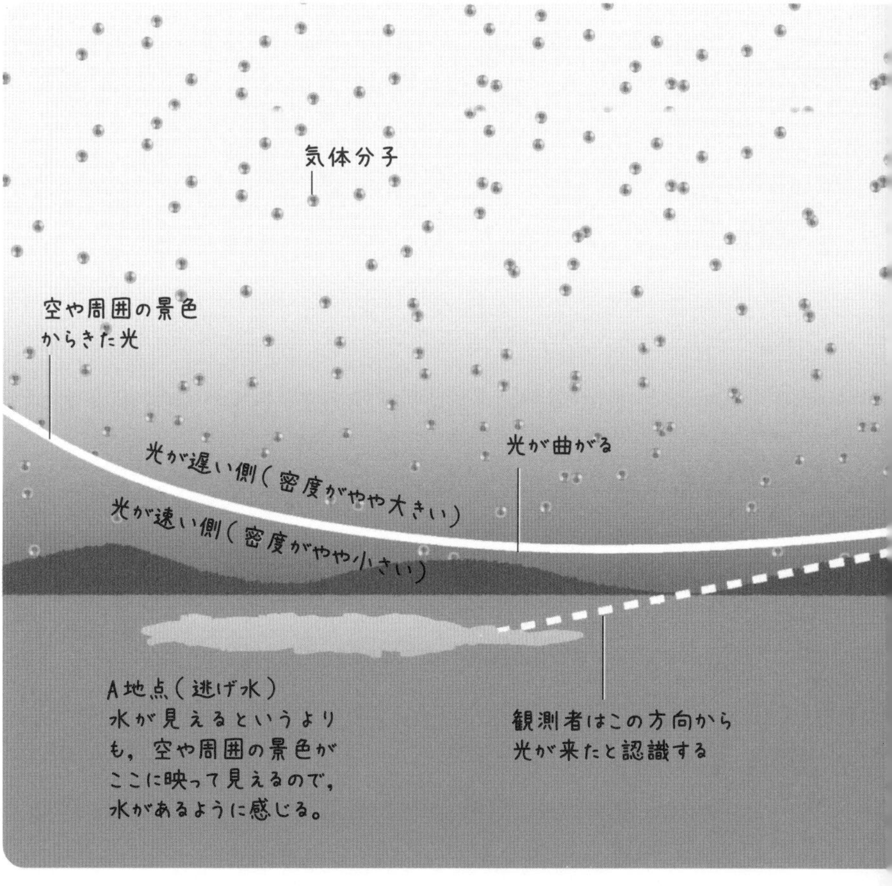

このため光は急に曲がるのではなく，ちょっとずつ，連続的に，なめらかに曲がります。結局，光が斜め上方から道路に向かってきた場合，次の図のように浮き上がるように曲がることになります。

投げたボールが上に上がっていく感じですね。

はい。つまり私たちの目には，上空からやってきた光が飛びこんでくるわけです。これはA地点に水があって，上空からの光を反射している状況とよく似ています。
私たちの視覚は，「光は真っ直ぐに進んで来たはず」と認識するので，A地点に何か光を反射する物があるように見えるのです。

なるほど！　ってことは，“逃げ水”っていっているけど，そこにあるのは，空の景色からの光が映しだした，**空の風景**ってことですか!?

その通りです！
結局，逃げ水とは，空や遠方の景色からの光が地面付近で曲がって目に届くことでおこる現象なのです。
さっき逃げ水がユラユラとゆらいで見えるっていっていましたけど，それは熱せられた空気の密度が一定ではなく，つねにゆらいでいるからなんですよ。

夜空の星は，見えている方向には存在していない

逃げ水は，空気の密度のちがいによって光が曲げられることでおきる現象でした。
同じようなしくみによって，私たちが見ている**星の位置**も実はズレています。

ど，どういうことですか？

注：イラストでは，光の曲がり方を誇張してえがいています。

富士山などの高い山の上は，空気が薄くなります。
つまり一般に，大気は上空にいくほど薄くなり，空気の密度が小さくなります。ということは，光の速度はどうなるでしょうか？

空気の密度が小さくなるっていうことは，……光は空気に邪魔されなくなるから，速くなるんでしょうか？

正解です！

上空と地上付近では，光の進む速さに差があるわけですから，夜空の星からの光はわずかに曲がって私たちの目に届くことになるのです。

星からの光が曲がるとどうなるんでしょうか？

私たちは星からの光がまっすぐ届いたと思ってしまいますが，実際には星が見える方向には存在していないことになります。
実際に星が位置する方向と，星が見える方向の角度の差を**大気差**とよびます。

たいきさ……。

大気差は，真上の夜空（天頂の方向）ではほとんどなく，地平線に近づくにつれて大きくなります。
たとえば，地平線から40度上を見上げたときの大気差は**約0.017度**ですが，地平線の方向では**約0.5度**にもなります。
また，夜空の星だけではなく，**太陽や月**でも同じことがいえます。地平線に沈む太陽を見るとき，その大気差は，約0.5度です。

0.5度なんて，小さいような気がしますが……。

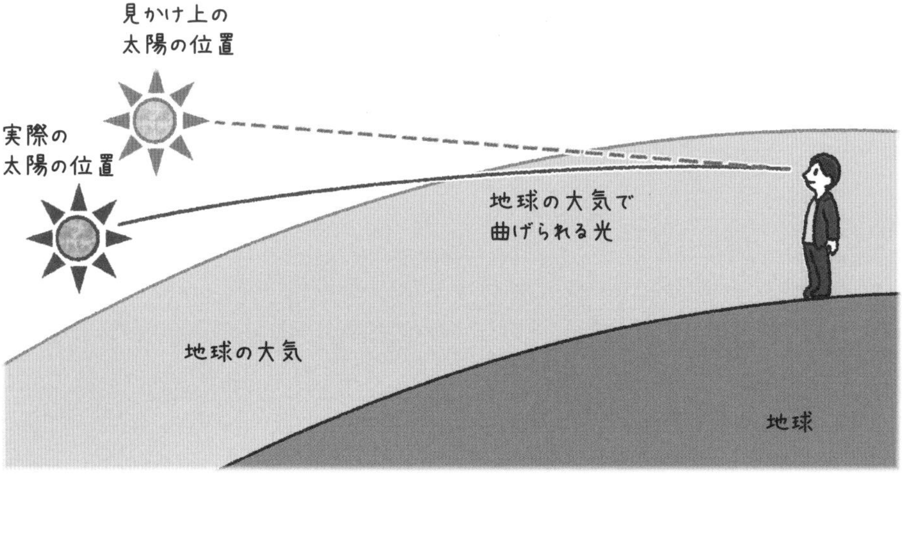

いえいえ，この0.5度という幅は，太陽の見かけの大きさとほぼ同じです。つまりですね，水平線に太陽の下端がさしかかったのを見るとき，実際の太陽は水平線の下に，すでに沈んでしまっているわけです。

今年の初日の出のとき，太陽に向かって拝みましたけど，そのときも太陽の方向とはずれた向きに拝んでいたんですね。来年からは，分度器をもって，0.5度ずれた方向に手を合わせるようにします。

偉人伝❶

物理学の基礎を確立，アイザック・ニュートン

アイザック・ニュートン（1642～1727）は，1642年のクリスマスに，イギリスの農村ウールスソープで生まれました。アイザック少年はよく本を読み，機械じかけのものに興味をもったそうです。風車や日時計を自分でつくったといわれています。性格は物静かで，一人でいることが多かったそうです。

ニュートンが17歳になろうとしたころ，母親は農場経営をつがせようとします。ところが，ニュートンが通っていた学校の校長をはじめ，彼の非凡な才能に気づいていた周囲の人たちは進学を強くすすめました。ニュートン自身も農場経営は性に合わなかったようで，羊を逃がしてしまうなど，失敗が多かったようです。

名門ケンブリッジ大学へ進学

1661年，ニュートン青年は，農場をつがずに，ケンブリッジ大学のトリニティ・カレッジへ進学します。そこで，ガリレオ・ガリレイやルネ・デカルトといった，当時最先端の学者たちの本を熱心に読みました。また，天文学について強い興味をいだいています。ただ，夜ごと天文観測を行ったせいで体調をくずしたり，太陽を直接観測してひどく眼を痛めたりしており，熱中の度が過ぎることもあったようです。

「驚異の諸年」がおとずれる

1665年，ニュートンは故郷のウールスソープにもどりました。ペストの流行で大学が閉鎖されたためです。そこで数

学や物理学の研究に取りくみました。それが，科学史を塗りかえる三つの大発見につながります。その三つとは，「微分積分法」「万有引力の法則」「光の理論」です。1965年からの2年ほどは「驚異の諸年」とよばれています。

　ニュートンは数学と物理学のほか，「錬金術」や「神学」にも強い興味をいだいて，熱心に研究していたことが知られています。錬金術とは，さまざまな物質を化学的に金にかえる方法のことです。ニュートンが書いた神に関する文書は，物理学や数学，天文学について書かれたものよりも多いといわれています。ニュートンは，物理学や数学のことを，神がつくった世界を読みとくための言葉だと考えていたそうです。1687年，歴史的大著『プリンキピア』が出版され，ニュートンは天才科学者として国際的な評価を高めました。

　最晩年は，結石の苦痛に耐える日々であったようです。ニュートンは微分積分学（calculus）をつくり，結石（同じく英語でcalculus）に悩まされたのです。生涯独身でした。

STEP 2

はね返る光のおかげで物が見える

ここで取り上げる光の現象は「反射」です。ここでは鏡や天体望遠鏡，さらにダイヤモンドなど，さまざまな例を挙げて，「反射」について考えていきましょう。

鏡はすべての色の光を反射する

屈折の次に紹介する，光の面白い現象は**反射**です。
まず，鏡を考えてみます。鏡には，自分の顔がきれいに映って見えます。これは鏡が光をきれいに反射するおかげです。

それくらいなら知ってますよ。

ははは，そうですか。
鏡は，ガラス板の裏面にアルミニウムや銀などの金属がメッキされたものです。この金属は非常になめらかで凹凸がなく，光をきれいに反射するので鏡には像が映ります。
鏡の中に自分がいるかのように映すことができるのは，**反射の法則**をきれいに満たしているからです。

鏡の構造

鏡は，あらゆる光の色を反射します。

反射の法則？

反射の法則というのは，次のイラストのように入射角と反射角とがいつも等しくなることをいいます。

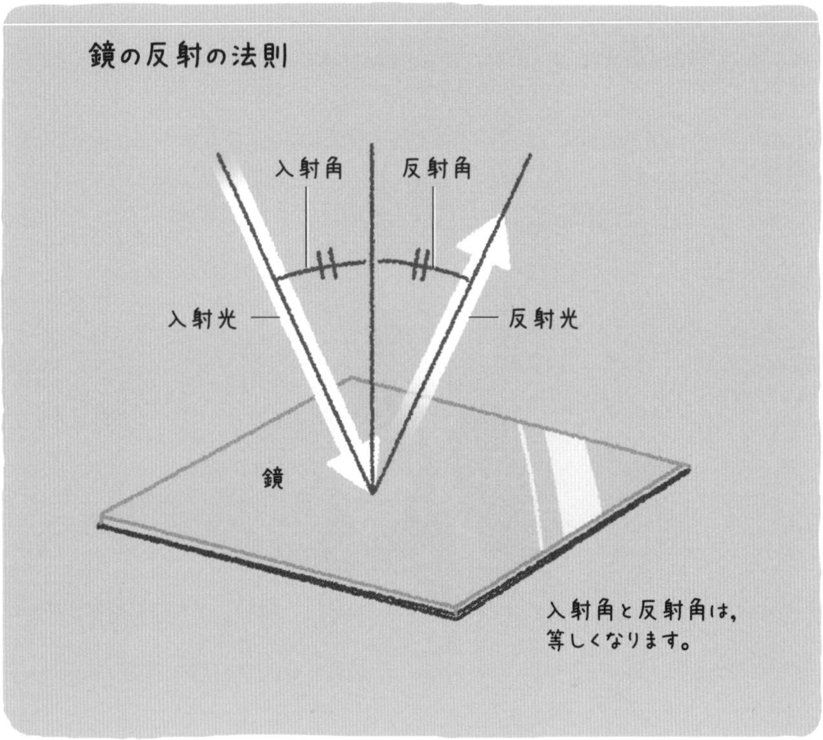

ここで，鏡の前に立って自分の顔を見ることを考えてみましょう。
照明からの光が額やあごなど，顔の各部で反射し，その光が鏡でさらに反射して目の中に飛びこんでくることで，自分の顔を鏡で見ることができます。

つまり，私たちは，自分の顔で反射された光を見ているということですか。

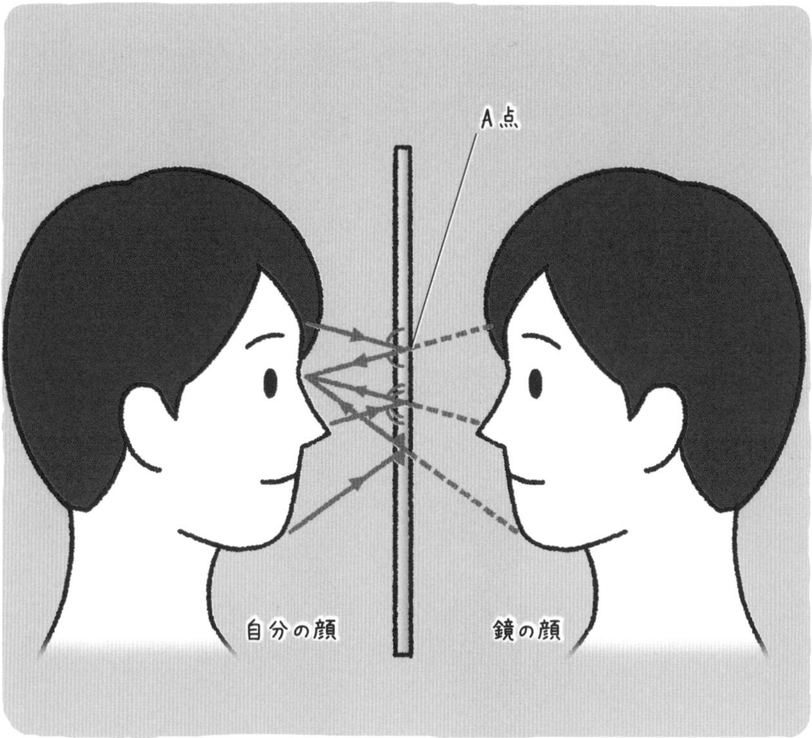

そうです。
私たちは「光は直進してきたはず」と認識しますから，たとえば，イラストの額から出て目に入った光は，目とA点を結んだ延長線上から来た，と認識するわけです。

反射の法則の通りってことですね！

そうです。

顔のあらゆる場所から反射された光で同じことがいえるので，結局，鏡面と対称な位置に自分の顔があるように見えるわけです。

物が見えるのは，反射のおかげ

ここで質問です。
リンゴが赤く見えるのはどうしてでしょうか？

突然ですね。
リンゴが赤い光を出しているからですよね。

うーん，その説明はあまり正しくありません。
実はリンゴ自身は赤い光を出してなどいないんです。

どういうことですか？
それじゃあ赤く見えないはずじゃないですか。

リンゴが赤く見える理由，これも反射です。

意味不明です。

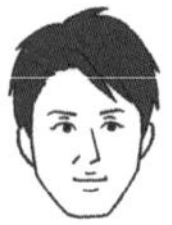

リンゴが赤く見えるのは，太陽や照明からの光（白色光）がリンゴの表面に当たって，赤色の光だけが反射されて私たちの目に届くからなんです。

ほ，ほぉ。
じゃあ，私たちが見ているのはリンゴから出た光，というよりも太陽光の一部ってことでしょうか？
そうだとしたら，太陽光のほかの色はなぜ見えないんですか？

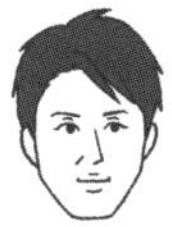

リンゴには，赤色以外の色の光を吸収する性質があるんです。吸収されなかった赤色の光が反射されて，私たちの目に届くため，リンゴは赤く見えるのです。

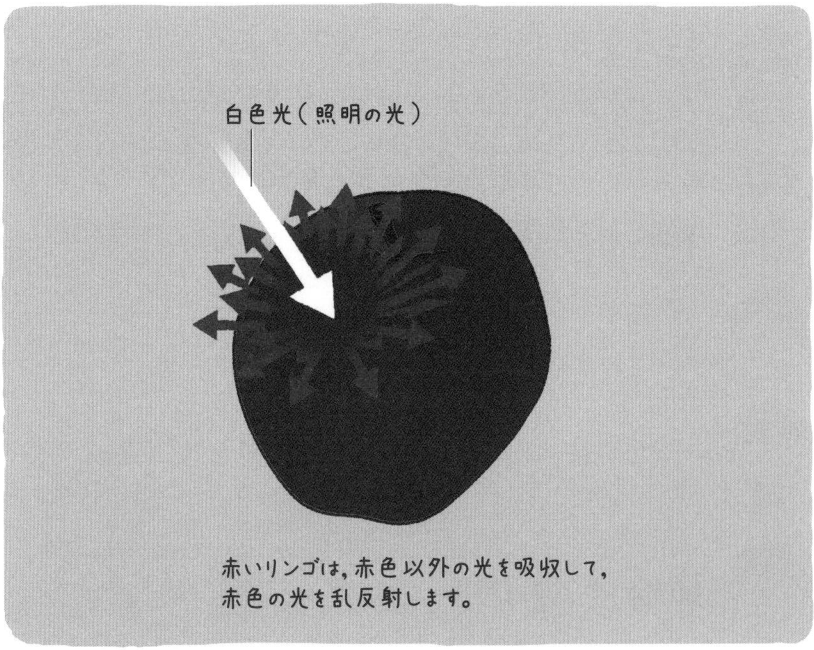

赤いリンゴは，赤色以外の光を吸収して，
赤色の光を乱反射します。

へー，リンゴは赤い光を出しているわけではなくて，赤以外の光を吸収していたわけなんですね。

では，白い紙はどうでしょう？

前に，私たちが白いと感じる光には，無数の色の光が含まれているって説明があったじゃないですか。
リンゴの話からすると，白い物は，どんな色の光でも反射するので，白く見えるということでしょうか？

はい，その通りです。
でも，ここで少し考えてみてください。先ほどお話しした鏡もすべての色の光を反射させます。だったら白い紙に，あなたの姿が鏡みたいに映らないのはなぜなのでしょうか？

あ，たしかに……。
なぜなんでしょうか？

実は，一見なめらかに見える白い紙も，拡大してみると表面にはとても細かな凹凸があります。その凹凸に光が当たると，光は四方八方に反射されます。
このような反射を**乱反射**とよびます。

らんはんしゃ……。

さらに，紙の内部に侵入する光もあり，光は紙の内部でも四方八方に飛び散ります。

結局，白い紙は，あらゆる方向に光が反射されるため，大きな目で見ると反射の法則をきれいに満たしません。そのため，表面には顔が映らないのです。

なるほど～。
鏡は表面がツルッツルだから，顔が映るんですね。

一般に，目に見える物体は，そのほとんどが照明の光の一部を四方八方に乱反射しています。リンゴも赤い光を乱反射しています。
だからこそ，私たちが見る位置を変えても，変わらずに見えるわけです。

私たちが物を見ることができるのは，物体が光を乱反射しているおかげなのか。

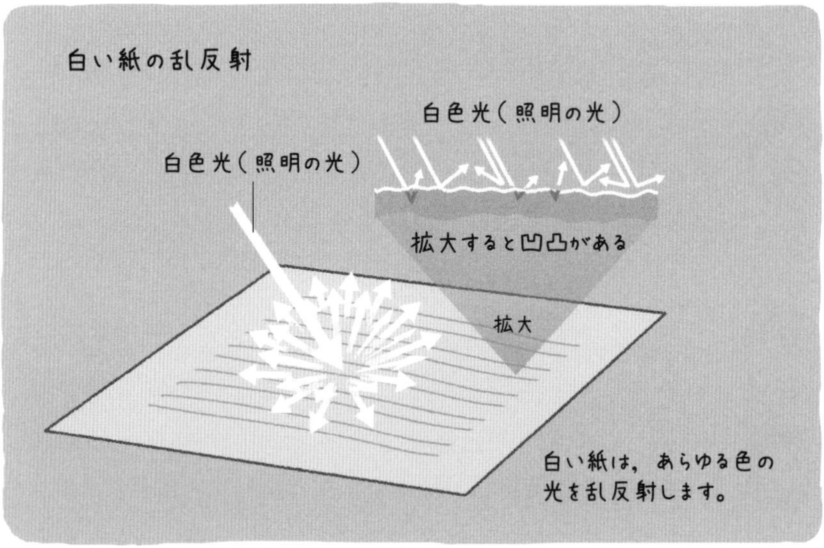

「48度」で水が鏡になる

鏡の話をしましたが，実はただの水を“鏡”に変えてしまう方法があります。

水を鏡に変える？
いやいや，水は鏡のようにきれいに光を反射しないから無理じゃないですか？
水中が見えちゃいますよ。

たしかにそうですね。
たとえば，水の中に，防水性の懐中電灯などの**光源**を置きます。
すると，一部の光は反射されて水の中にもどってきますが，残りの光は屈折しながら水面を透過します。

ですよね。

でも，このとき入射角を少しずつ大きくしていきましょう。すると，入射角が**48度**になったとき，**透過光が屈折して進むはずの進路が水面と一致してしまいます。**

えっ，するとどうなるんですか？

これ以上は屈折することはできません。なので，入射した光は**100%**すべてが反射することになります。つまり，水が“鏡”になるわけです。

水面でおきる透過と反射

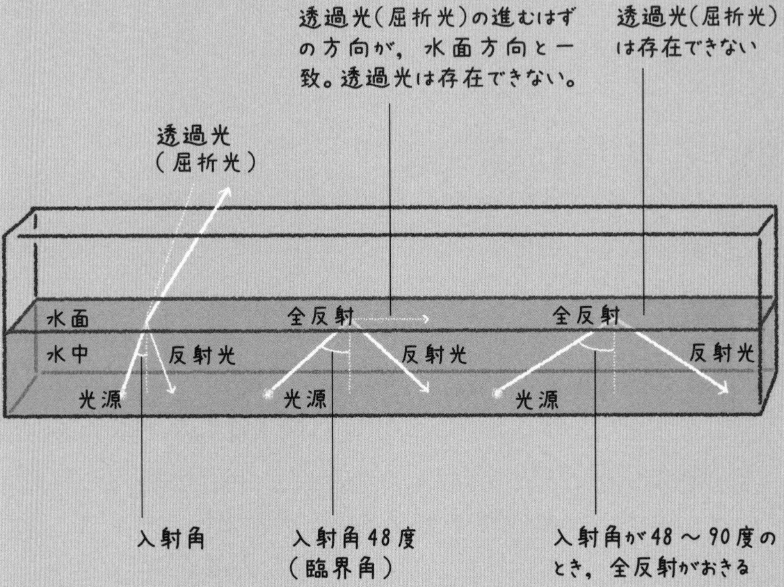

これを**全反射**といい，全反射がおきはじめる角度を，**臨界角**とよびます。水は48度です。

ぜんはんしゃ……。
先生，逆に空気中の光が，水面で全反射をおこすこともあるんでしょうか？

いいえ。
全反射は，光が，屈折率の大きい物質から，屈折率の小さい物質へ向けて進むときにだけおきます。ですから，空気中から水中に光が入るときにはおきません。

じゃあ，水を鏡として使うには，水中に潜らないといけないってことですか。
結局，鏡としては使えないじゃないですか！

ははは，まぁそういうことですね。
さて，全反射をおこす臨界角は物質によってことなります。屈折率が大きい物質，すなわち光を遅くする物質ほど，小さくなります。
水の場合は48度で，ガラスの場合は，材質によってもちがってきますが43度程度です。
この角度よりも大きな角度で光が入射すると全反射をおこします。

光が遅くなる物質ほど，その物質から空気中に光が出るときに全反射しやすくなるんですね。

ええ。STEP1で太陽光を分解する**プリズム**の話をしましたが，このプリズムも，双眼鏡などの光学機器の中で，全反射を利用して“鏡”として利用されることがあるんですよ。

プリズムはいろんな現象に使えるんですね。
どうすればプリズムが鏡になるんでしょうか？

プリズムに対し，イラストのように面に垂直に光線を入射させると，底の面で全反射をおこします。すると透過する光がないので，鏡として利用できるわけです。

ガラスのプリズムの全反射

ガラスの内部では，入射角が43～90度のとき，全反射がおきます。
プリズムの上面と下面は，直角二等辺三角形です。

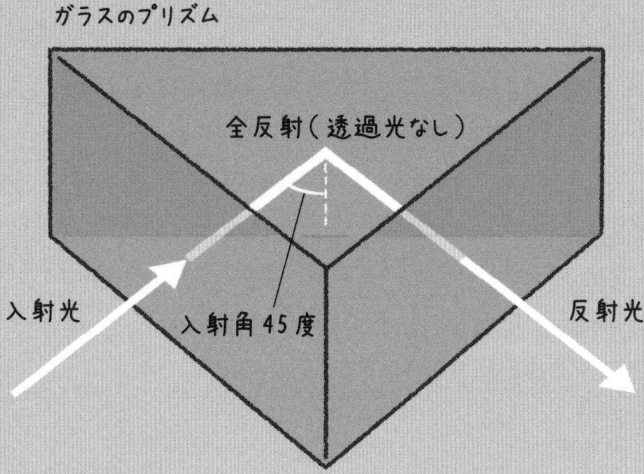

ダイヤモンドは全反射で光り輝く

全反射を利用した例は，先にあげたプリズムだけではありません。宝飾用の**ダイヤモンド**も，全反射が利用されています。

ダイヤモンド!?
ダイヤモンドのどこに全反射が利用されているんですか？

そもそもダイヤモンドの内部では光がとても遅くなるため，全反射の臨界角が**約25度**と極端に小さくなります。**つまりダイヤモンドの内部では，小さな角度でも全反射がおきるのです。**

水の臨界角48度よりも，かなり小さいですね。

宝飾用のダイヤモンドには，**ブリリアント・カット**と呼ばれる，独特の形に研磨されたものがあるのをご存じですか？

たくさんカットしてキラキラしたダイヤモンドですよね？

ええ，そうです。
ブリリアント・カットのダイヤモンドの上面に入射した光は，内部に入ると底の面で全反射をおこし，ふたたび外に出てきます。
すなわち，底の面を透過して逃げる光が少ないので，反射光でキラキラと明るく輝くわけです。
ブリリアント・カットとは，多くの光を底の面で全反射させるようにくふうされたカットなのです。

ダイヤモンドがキラキラしているのって，全反射を利用しているからなんですね！

その通りです。
また，ダイヤモンドは，プリズムと同じように白色光を光の色ごとに分ける（分散させる）ので，さまざまな色にきらめいて見えます。

なんとなく全反射って地味な印象をもっていましたけど，イメージがまるっと変わりました！

A. 明るくさまざまな色に輝くダイヤモンド

ダイヤモンドの内部では，入射角が25〜90度のときに，全反射がおきます。

B. ブリリアントカットのダイヤモンドの模式図

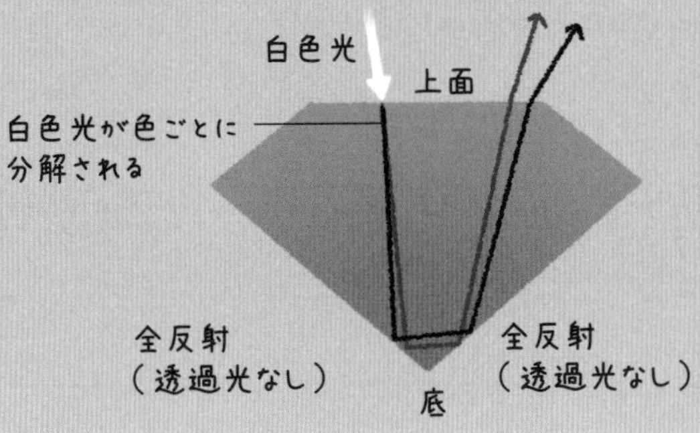

巨大望遠鏡は反射を使って光を集める

反射は，巨大な望遠鏡などで，光を集めるときにも利用されています。

望遠鏡ですか？

そうです。
個人用の望遠鏡は，凸レンズで光を集める**屈折望遠鏡**が主流です。
しかし，天文学の研究などではそうもいきません。現在では，**凹面の反射鏡**を使って光を集める**反射望遠鏡**が天文学の主役になっているです。

なぜ，光を集めるのに**レンズ**じゃなくて，**鏡**が使われるんですか？

屈折の大きさが光の色によってことなるのが理由の一つです。

屈折のちがい，ですか？

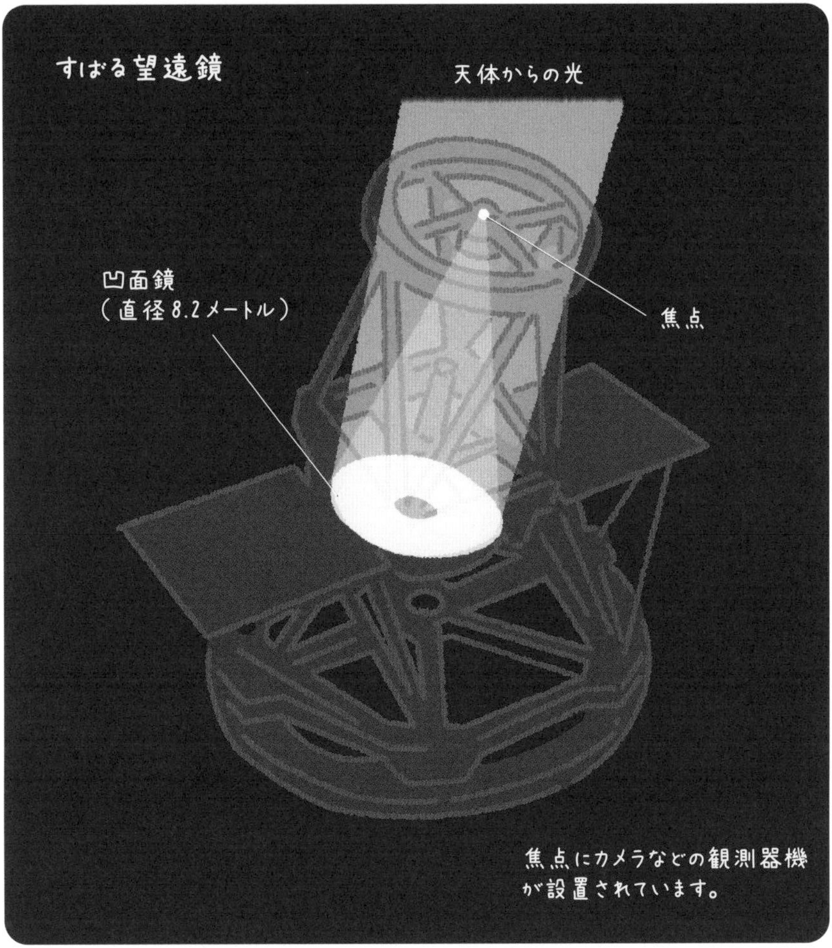
すばる望遠鏡
天体からの光
凹面鏡
（直径8.2メートル）
焦点
焦点にカメラなどの観測器機
が設置されています。

はい，プリズムの例で見たように，ガラスの凸レンズに光を通すと，色によって屈折の度合いがちがうため，別の進路を通ってしまうんです。そのため，凸レンズを通った光は，完全に１点には集まりません。
赤色の光は屈折が小さいのでやや遠くで焦点を結び，紫色の光は屈折が大きいのでやや近くで焦点を結ぶのです。こうしたちがいを，「色収差」といいます※。

そっか，プリズムと似たようなことがおきるんですね。

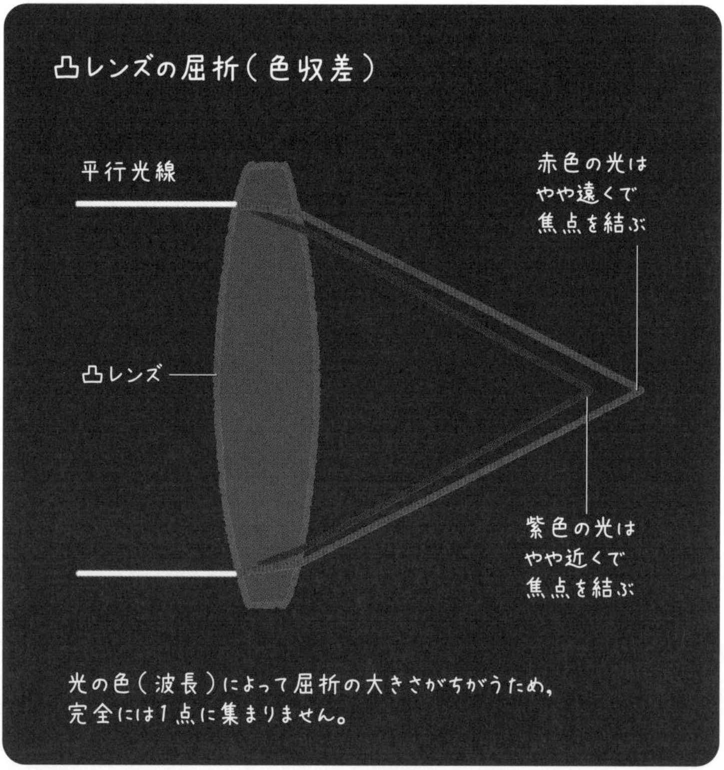

※：ここでは「色収差」で焦点がぼけることを説明していますが，実は，単色（色が一つ）でも完全に１点には集めることができません。光は波長程度の大きさよりも小さな点に集めることはできないのです。これを「回折限界」といいます。

そうです。
凸レンズで，遠くの天体からやってくる光を集めようとすると，色収差によって天体の像は少しぼやけてしまうのです。
屈折望遠鏡で複数のレンズをうまく組み合わせることで色収差をおさえることはできますが，そもそも大型の凸レンズをつくるのは，非常に困難でもあります。

なるほど。

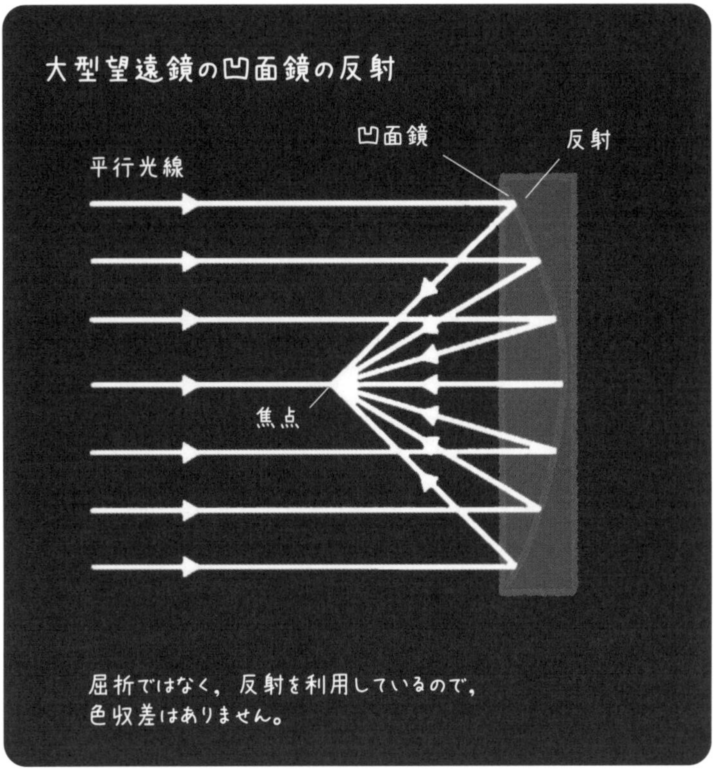

そこで，大型の望遠鏡では，凹面鏡を利用するのです。凹面鏡は，屈折ではなく，反射を利用しているので，色収差はありません。

STEP 3

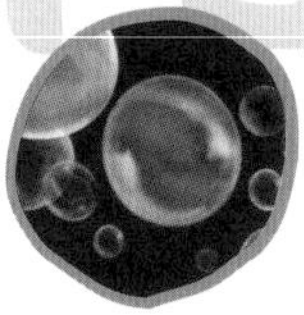

飛び散る光，重なる光 ―― 散乱と干渉

光による現象，次は「散乱」と「干渉」です。空はなぜ青く，夕日はなぜ赤いのか。シャボン玉のきれいな色彩はどうして生じるのか……。身近な現象から，光のしくみにせまります。

空気で飛び散った青色の光が，空を青くする

突然ですが，次のような状況を考えてみてください。
真っ暗闇な宇宙空間に浮いている状態で，**一筋の光**が目の前を通過したとします。
果たして，この光は見えるでしょうか？

宇宙遊泳は経験がないですね……。
でも，光が目の前を通過すれば，普通に見えるんじゃないですか？
あっ！　そういえば，雲の間からさす**光の筋**を見たことがあります。だから，そんな風に光の筋が見えるはずです！

たしかに「光の筋」を見かけることはあるでしょう。
しかし，この場合に見えているのは，実は太陽から差しこんだ光そのものではないんです。

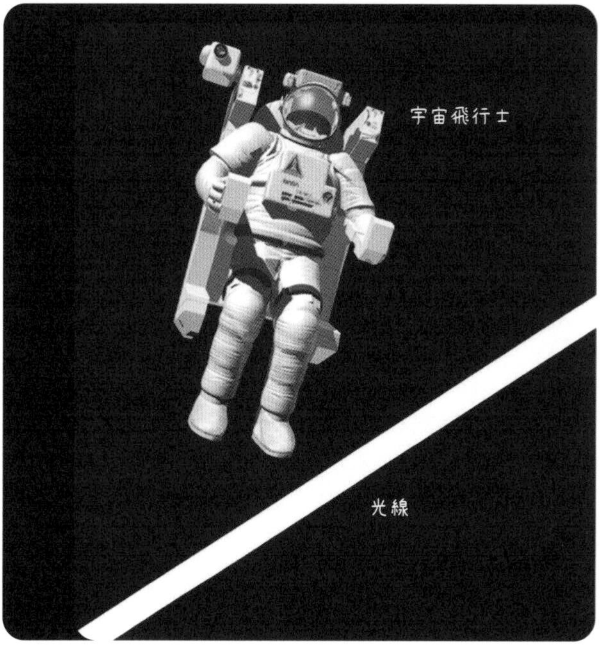

見えているのは，光の道筋にそって存在する，大気中のや細かい**ちり**や**水滴**などです。

ちりや水滴？

光が，不規則に分布している細かな粒子にぶつかると，光は四方八方に飛び散ります。
この現象を**散乱**といいます。私たちに光の筋が見えるとき，実は，この散乱された光を見ていたんです。

じゃあ，もし散乱するちりや水滴がなければ，光の筋はあらわれないんですか？

ええ。もし散乱をおこすちりなどがなければ，光が目の前を通りすぎようと，私たちには光の筋は見えません。つまり，真空で漆黒の宇宙空間では，光は見えないのです。

へぇー意外です。

散乱という現象は，空が青く見えることとも関係しています。空気は無色透明なのに，なぜ空は青く見えるのでしょうか？

え？　空が青い理由，ですか？　爽やかな気分になるように，神様が決めたんだと思います。

……。

いっったいなぜ，空は青いんでしょうか？

大気は透明ですが，実は，空気の分子が太陽からの光をわずかに**散乱**させています。
空気分子による散乱は，紫色や青色に近い色（光の波長が短い）ほどおきやすいことが知られています。逆に赤色に近い色（波長が長い）は散乱されづらいです。
その結果，空のどの方向を見ても，青色や紫色の光が目に届くことになるんです。

そうか！
青い光が散乱されるから，空が青く見えるんですね！
あ，でも紫色は？

私たちの目は紫色よりも青色の光に感度が高いので，紫というよりも青色に見えるんですよ。

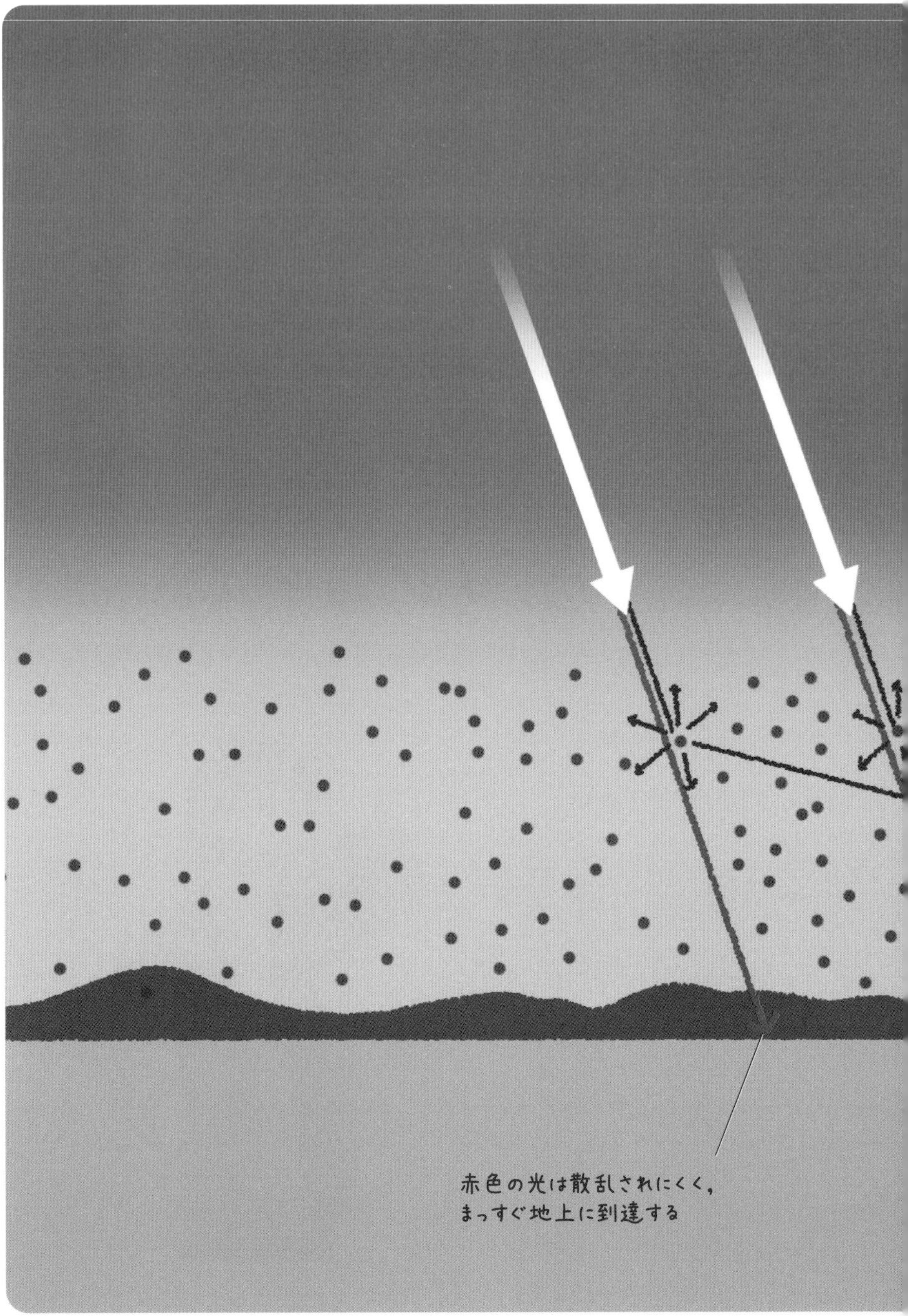
赤色の光は散乱されにくく,
まっすぐ地上に到達する

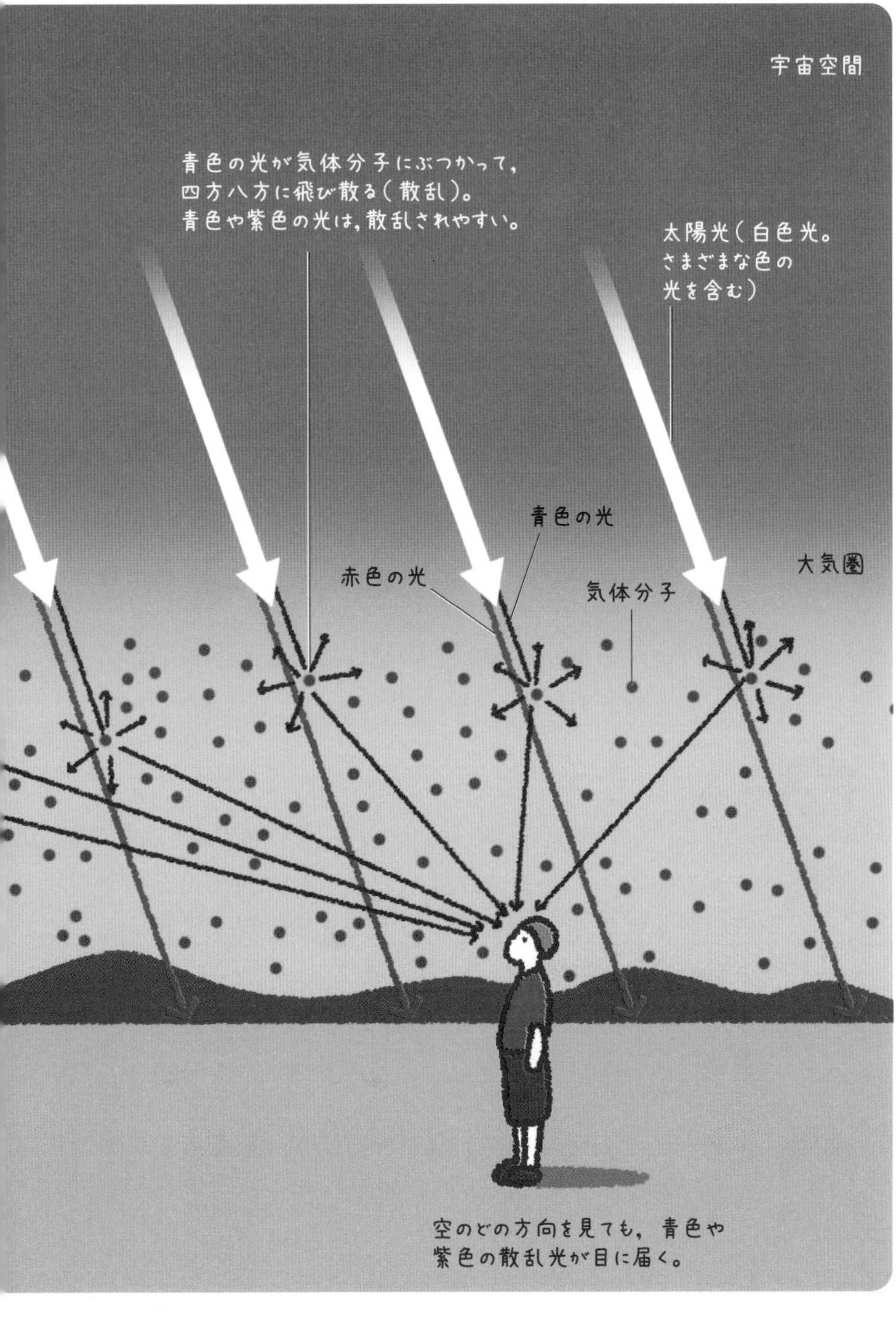
宇宙空間
青色の光が気体分子にぶつかって，
四方八方に飛び散る（散乱）。
青色や紫色の光は，散乱されやすい。
太陽光（白色光。
さまざまな色の
光を含む）
青色の光
赤色の光
気体分子
大気圏
空のどの方向を見ても，青色や
紫色の散乱光が目に届く。

夕焼けの赤は，長い距離を進む赤色の光

先生，空が青いのは波長が短い青い光が散乱されるからというのはわかりました。
でも，だったら夕日はなんで赤いんですか？

これは光が大気の層をどれくらいの長さ通ってくるのか，に関係しています。

どういうことでしょうか？

夕方になると太陽は地平線近くまで沈みます。ということは，太陽光が私たちの目に届くためには，大気の層を**長い距離**進まなくてはならなくなります。
一方，ほぼ真上からやってくる昼間の太陽光は大気の層をあまり長い距離進まずに私たちの目に届きます。

ほぉ。

先ほどお話ししたように青色のような波長の短い光は空気の分子に散乱されやすいため，太陽光が大気圏に入ると比較的早く散乱されてしまいます。
これはつまり，青い光はあまり長い距離，大気の層を進めないということです。

夕方には，太陽光に含まれる青い光が，私たちの目まであまり届かないってことですか？

その通りです。夕日の太陽でも短い波長の青い光は含まれているのですが，長い距離を進むので，私たちの目にはほとんど届かなくなるのです。その結果，太陽光は青色や紫色の光を失い，赤っぽくなります。

こうして，夕方の西の空から私たちの目に届くのは，赤系の色の光ばかりになってしまうわけです。

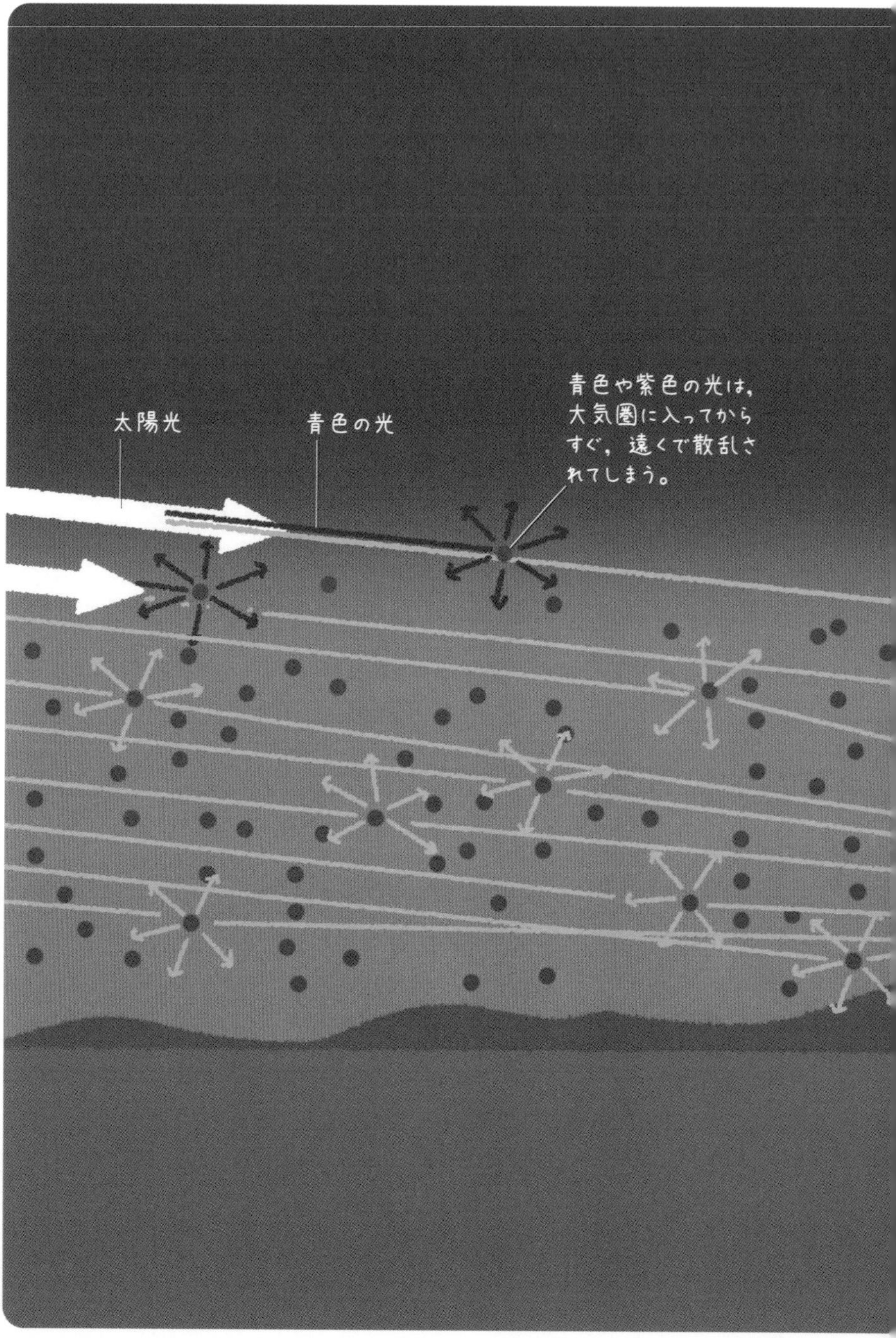
太陽光
青色の光
青色や紫色の光は，
大気圏に入ってから
すぐ，遠くで散乱さ
れてしまう。

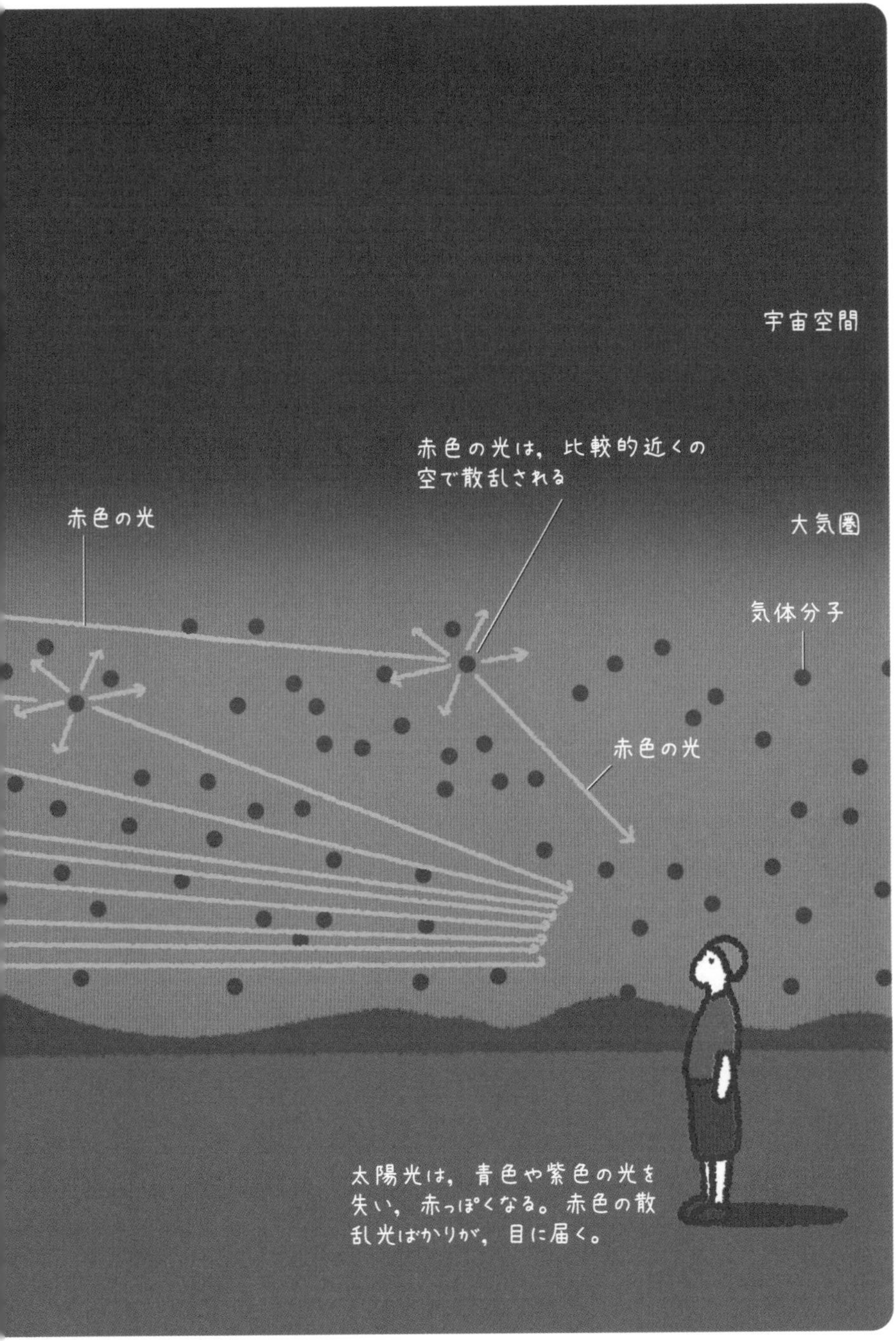
宇宙空間
赤色の光は，比較的近くの
空で散乱される
赤色の光
大気圏
気体分子
赤色の光
太陽光は，青色や紫色の光を
失い，赤っぽくなる。赤色の散
乱光ばかりが，目に届く。

シャボン玉の虹色は，光の波が足し合わされてできる

小さい頃，シャボン玉で遊んだことはありますか？

ええ，よく遊んでいました。
シャボン玉って，見る方向によってカラフルに見えてきれいですよね～。

では，シャボン玉の表面はなぜ虹のようにカラフルに見えるのでしょうか？

えっ!?
考えたこともありませんでした。
いったいなぜですか？

この謎をとくには，光のもつ**波**の性質について知る必要があります。まず，このことからご説明しましょう。

波の性質？

実は，光は**電磁波**という波の一種なんです。水面にできる波と同じように，光の波にも山や谷があります。波の山と山の頂点，あるいは谷と谷の頂点の長さを**波長**といいます。**私たちは，この波長のちがいを色のちがいとして認識しているんです！**

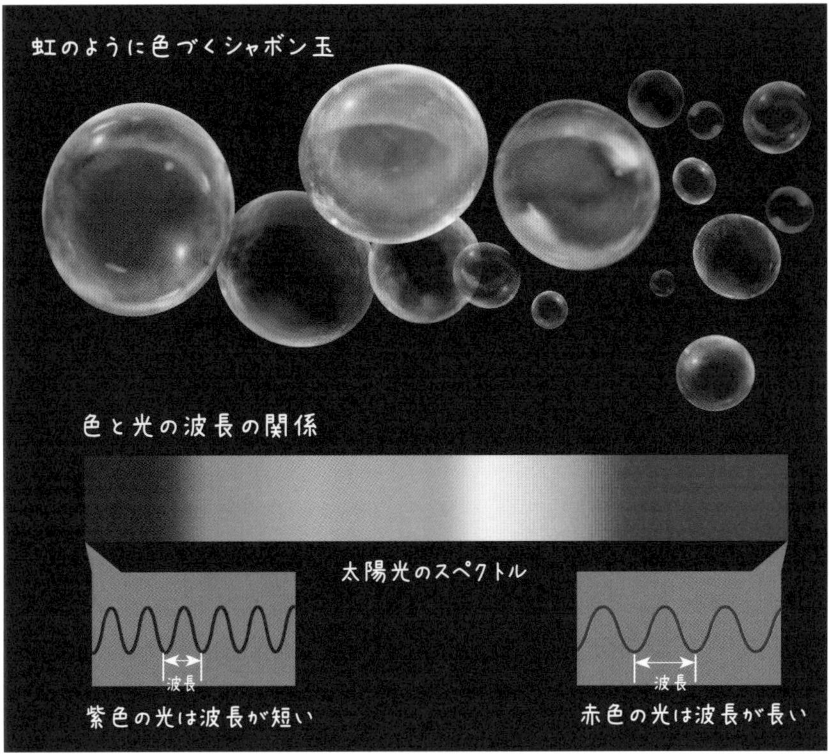

ど，どういうことですか？

光は，波長によって色が変わるんです。赤，橙，黄，緑，青，藍，紫の順に，光の波長は短くなります。

紫に近い色ほど波長が短くて，赤に近い色ほど波長が長いということですか？

その通りです。
さてここで，波の性質についてのある実験をやってみたいと思います。
ここに途中から二股に分かれたロープがあります。二股に分かれた端のそれぞれを揺らし，波を発生させます。

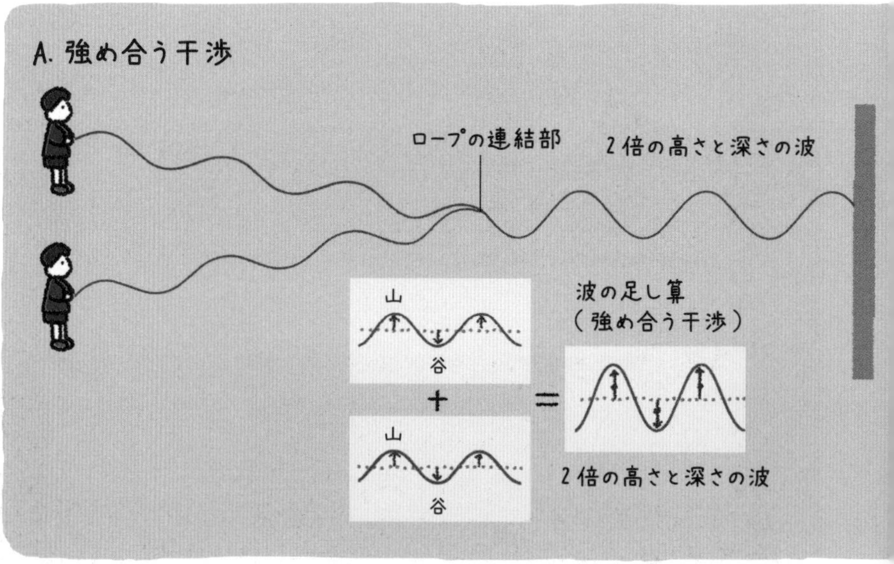

まず，二つの端を同じタイミングでロープを上下させてゆらすとどうなるでしょうか？

連結したところで山と山，あるいは谷と谷がぶつかるんじゃないですか？

そうです。
ある瞬間には連結部に双方からやってきた山と山が重なり，2倍の高さの山ができます。またある瞬間には，谷と谷が重なり，2倍の深さの谷ができます（下のイラストA）。その結果，連結部の先には2倍の高さと深さをもった波ができます。**このように，同じ波がぶつかると，強め合う性質があるんです。**

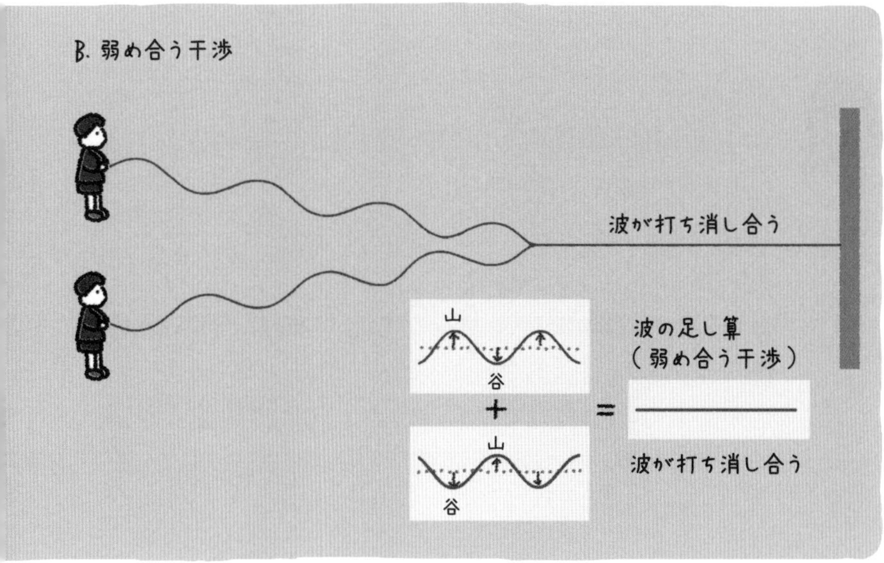

B. 弱め合う干渉

ふむふむ。

じゃあ今度は，一人がロープを持ち上げるときに，もう一人がロープを下げるようにゆらすとどうなるでしょう？

逆の動きをするんですね。山と谷が連結部でぶつかることになるから，波は打ち消し合うんでしょうか？

その通りです。
今度は連結部で山と谷，谷と山がぶつかるので二つの波は打ち消し合い，連結部より先ではロープは波打ちません。このように波は強め合ったり，打ち消し合ったりします。このような現象を**波の干渉**といいます。
この干渉がシャボン玉の虹模様に大きく関係しています。

波が強め合ったり，弱め合ったりする現象がですか!?

ええ。
シャボン玉は薄い膜でできていますが，非常に薄いとはいっても，厚さがあります。
このシャボン玉の膜の断面を見てみましょう。
98ページのイラストを見てください。
シャボン玉の表面に光が当たると，その一部は**膜の表面**で反射して目に届きます。
さらに，一部は膜の中にいったん入って**膜の底**で反射してから目に届く光もあります。

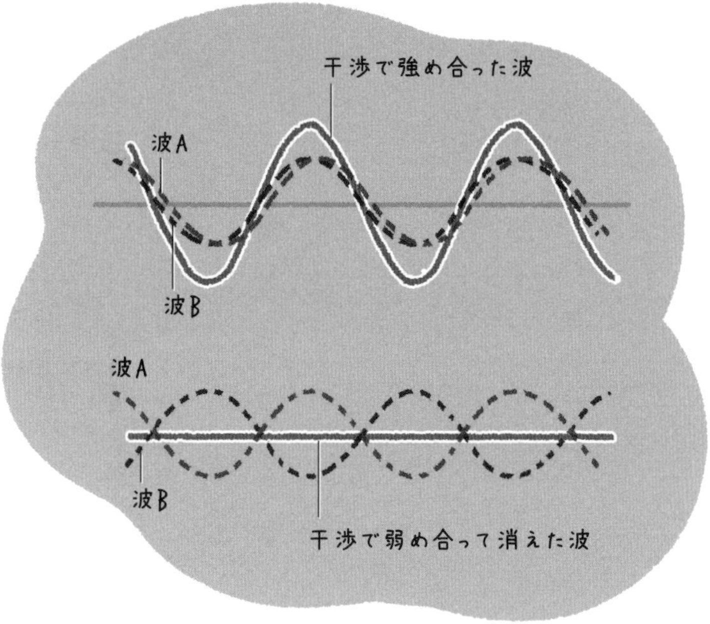

シャボン玉に当たった光は，**二つの経路**を通るんですね。

その通りです！
ですから，この二つの光が**干渉**をおこすんです。

なるほど！

1. 二つのルートを通った光の強め合う干渉

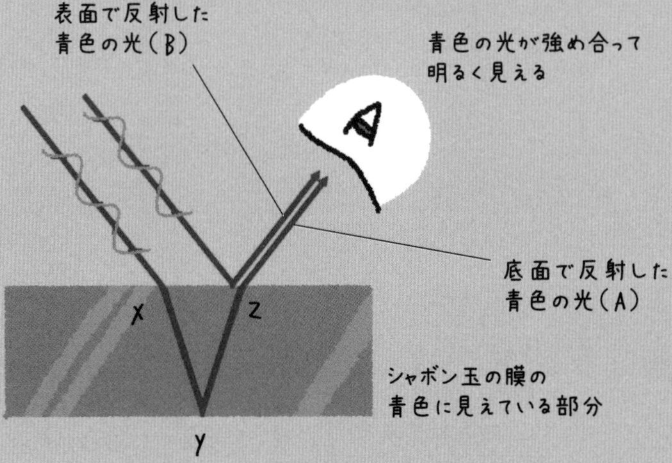

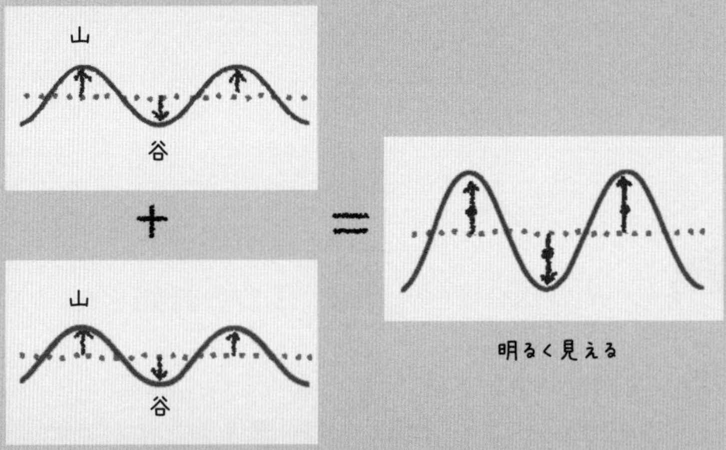

二つのルートを通った青色の光が、
強め合う干渉をおこしている

2. 見る角度で条件が変わった干渉

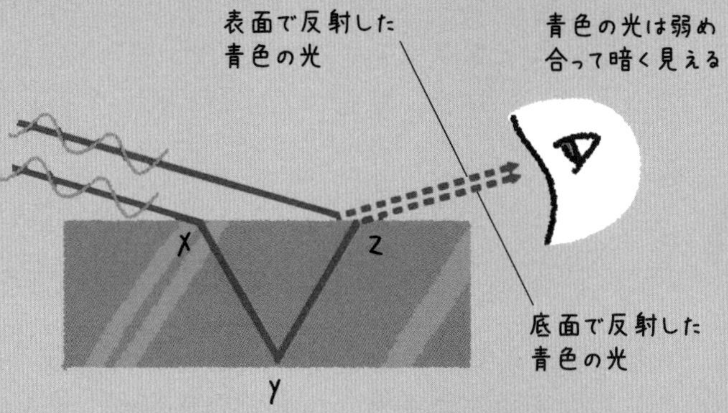

シャボン玉の膜の青色以外に見えている部分。1のイラストとはXYZの長さがことなる。

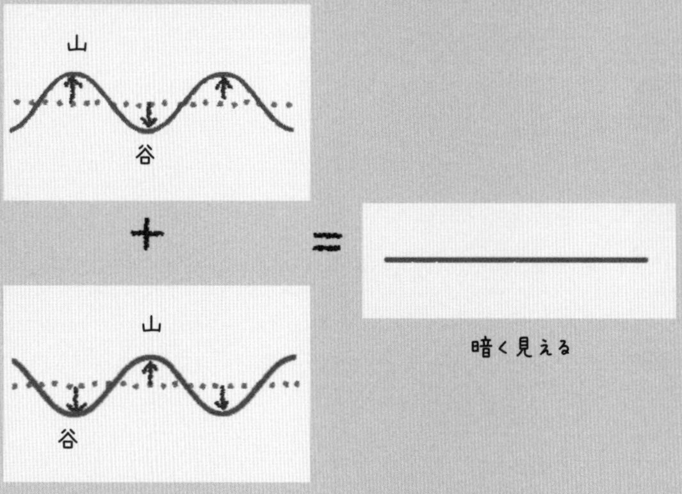

二つのルート通った青色の光が、
弱め合う干渉をおこしている

膜の中を通った光「A」は，膜の表面で反射した光「B」よりも，**X→Y→Z**の分だけ長く進みます。そのため，二つの光の山の位置はずれてしまいます。
しかし，仮に「二つのルートを通った青色の光の山と山とが，ちょうど重なる」という条件を，X→Y→Zの距離が満たしている場合，青色の光が強めあって目に届くことになります。

ふむふむ。

シャボン玉の場所や見る角度によって，X→Y→Zの長さは変わります。ですから角度を変えると，青色の光が弱め合うこともあります。
しかし，このとき，別の色の光が強め合うこともあるでしょう。このように，場所によって強め合う光の色が変わるため，シャボン玉はカラフルに見えるわけなんです。

強め合った光だけが，目に届くからシャボン玉はいろんな色に見えるんですね。

ええ，そうです。
光の干渉が，シャボン玉の不思議な色彩をつくりだしているのです。

ブルーレイディスクが虹色なのは，表面のギザギザのせい

シャボン玉みたいに，**CD**や**ブルーレイディスク**の裏面も虹色に見えますよね。
これはなぜですか？

ディスクの裏に浮かぶカラフルな模様も，やはり**光の干渉**が引きおこしています。
さらに，この場合は**回折**という現象もかかわります。

かいせつ？

回折とは，波が小さな穴を通過した後や，小さな障害物にぶつかった後に，その先で広がって進む現象です。

どういうことです？
イメージが湧きません。

すき間があいた板に波が押し寄せる状況を考えましょう。板の間隔が広いと，波はほとんど広がらずにそのまま通りすぎます。
しかし，板の間隔がせまいと，波は広がります。これを**回折**といいます。

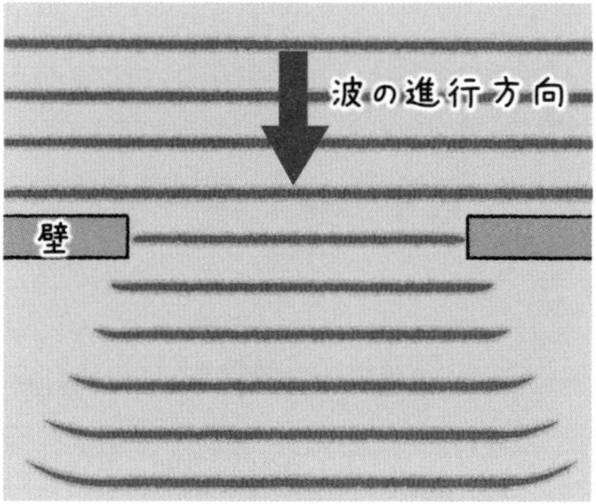

①
波長：大
すき間：大
↓
あまり回折しない

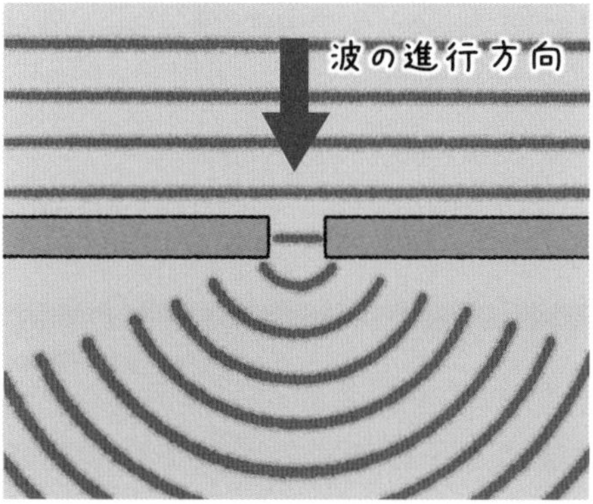

②
波長：大
すき間：小
↓
大きく回折する

波が小さなすき間を通ると，いろんな方向に広がって進むようになるんですね。

そうです。
実は，CDなどの光ディスクの裏面には，データが**微細な凹凸**の形できざみこまれています。光ディスクの凸部分は**ピット**といいます。ピットは非常に小さく，ピットでの反射光は，**回折**をおこして広がります。

ディスクには，細かい凸がたくさんあったんですね。

そうなんです。
ここで，隣り合うピットAとBで，垂直に入射した光が反射・回折をおこす場合を考えましょう。
次のページのイラストを見てください。観測者の方向から見ると，Aで反射した光は，Bで反射した光よりも**X→Y**の距離だけ長く進んで目に達します。

あっ！　さっきのシャボン玉のときと似ていますね。
ということは……，干渉する？

その通りです。
たとえば，X→Yの距離が**青色の光の波長**と一致する場合，Aで反射した光とBで反射した光の歩調がぴったり合い，強め合う干渉がおきます。つまり，青色の光が明るく見えるわけです。
ところが，青色以外の光は，Aで反射した光とBで反射した光の歩調がずれ，弱め合ってしまいます。

ふむふむ。

さらに，観測者が別の場所を見ると，X→Yの距離が変わります。そのため青色の波長は強め合う干渉の条件を満たさず，別の色が強め合う干渉の条件を満たします。つまり，青ではない別の色に見えるのです。

凹凸できざまれた情報

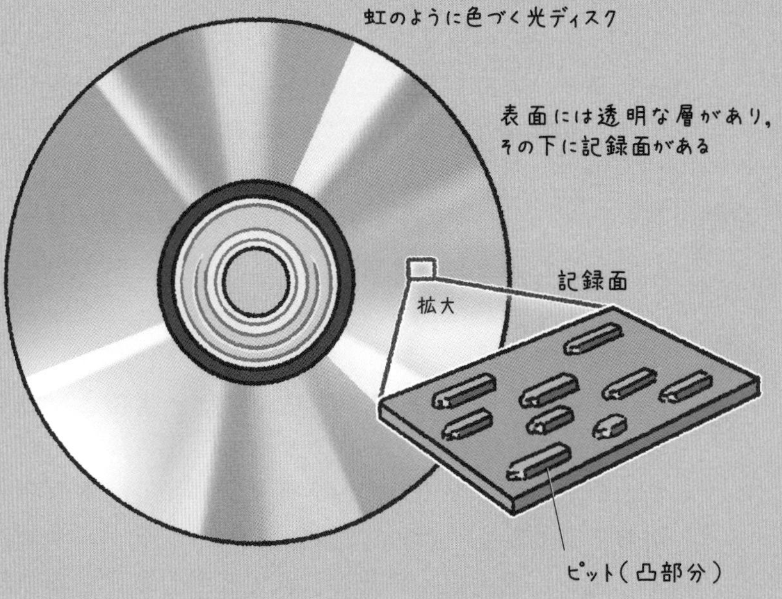

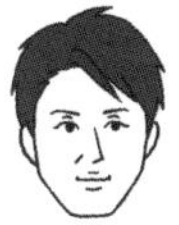

このようなしくみで，ディスクの裏面は角度によって，さまざまな色に見えるのです。

なるほど，光ディスクが虹のように色づいて，見る角度によって色彩が変わる理由は，そういうことだったんですね。

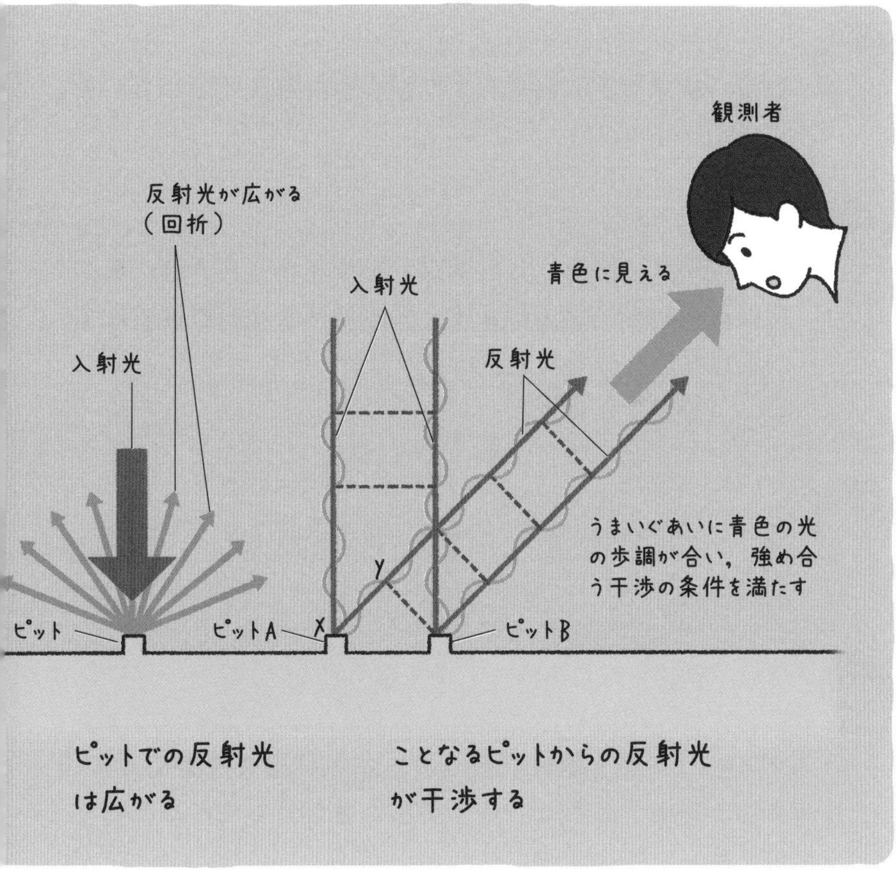

モルフォチョウもアワビも，自然界の虹色は色素じゃない

普通の物体の色は，その物体を構成する原子や分子（たとえば色素の分子）がつくりだす色なので，その物質自体がもっている色といえます。
たとえば，緑黄色野菜やアジサイの花，紅葉の葉などが色とりどりなのは，カロテンやアントシアニンに代表されるいろいろな**色素**が含まれているからです。

リンゴの赤とかもそうですよね。
たしか特定の色を反射して，別の色を吸収するから，色づいて見えるんでしたよね。

その通りです。
一方，先ほど紹介したシャボン玉や光ディスクは，その物質自体がもつ色ではなく，非常に細かな表面構造によって生みだされる色です。そのため，これらの色は**構造色**とよばれています。

こうぞうしょく！
シャボン玉やディスク以外にも構造色ってあるんでしょうか？

はい，構造色は自然界にもよく見られます。
たとえば，中南米に生息する青色のモルフォチョウやタマムシ，クジャクの羽根，アワビの貝殻の内面などは，表面の微細な構造によって美しい色をつくりだしている例です。

そういえば，サザエのツボ焼きの殻の中って，綺麗な虹色に見えることがありますね。
チョウにも構造色を利用しているものがいるんですか？

たとえば，モルフォチョウの仲間は，一見青い羽色をしたチョウです。
ですが，その羽には青い色素は存在しません。もし，羽をすりつぶすと，青色は消え去ってしまうんです。

それも構造色なんですか？

そうです。羽には，**鱗粉《りんぷん》**といううろこ状の組織が規則正しく並んでいます。モルフォチョウの鱗粉には無数のすじがあり，さらに，そのすじは，図書館の本棚を思わせる，微細な構造をもちます。

複雑な構造をしているんですね。

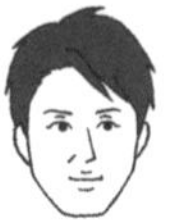

そうなんです。
この鱗粉の“棚”の各段で反射した光のうち，同じ方向に進んだ青色の成分がとくに強め合います。
干渉ですね。そのためモルフォチョウの羽は青く見えるのです。

すげー！

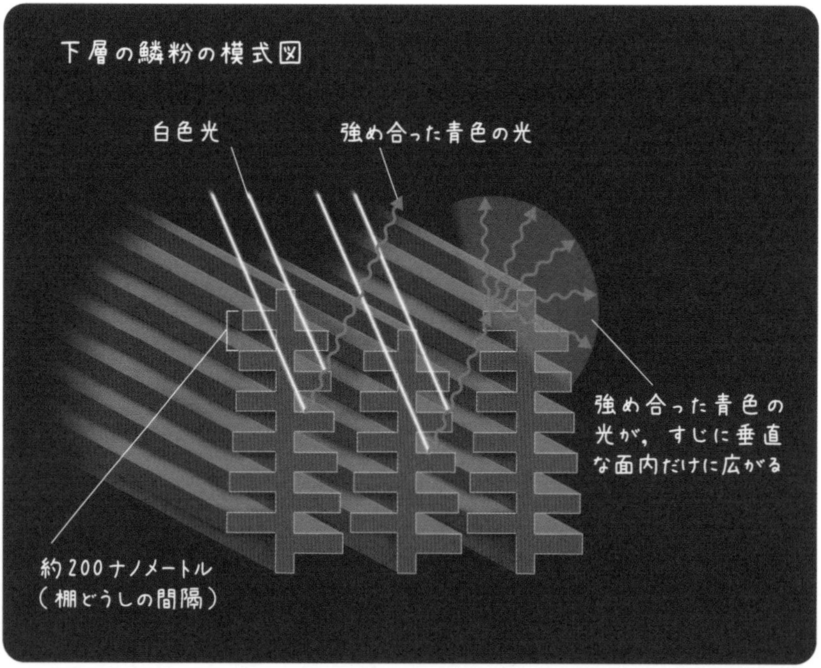

構造色は，見る角度を変えると色が変わります。強められる光の色が変わるためです。モルフォチョウの羽も，真横の水平近くから見ると，黒っぽく見えますが，真うしろ（腹部の先端側）からだと，広い角度から青く見えます。

へー，実際に飛んでいるモルフォチョウを見てみたいです！

最近では，化粧品や自動車の塗装，衣服の繊維などにも，独特な色彩をつくることができる構造色を，応用する研究が進められています。

2

時間目

光と色の三原色

STEP 1

3色の組み合わせで，色が決まる

赤，青，緑の光は「光の三原色」とよばれ，これを使えば無数の色をつくりだすことができます。たった三色だけで，どうしてそんなことが可能なのでしょうか？

3色の光が，すべての色の光をつくる――光の三原色

1時間目では，白色に見える太陽光が，実はたくさんの色の光が組み合わさったものであることをご紹介しました。

橙とか紫とか，白色光にはいろんな色が混ざっているんでしたね。
プリズムを使うと，虹色に分解されてきれいだったな～。

そうですね。
でも，白色光は，すべての色を混ぜ合わせなくてもつくることはできます。
実は**赤，緑，青**のたった3色の光を組み合わせるだけで，私たちはその光の色を**白**と認識するんです。
さらに，この3色の光の明るさを変えて，いろいろ組み合わせれば，原理的にはすべての色をつくりだすことも可能なんです。

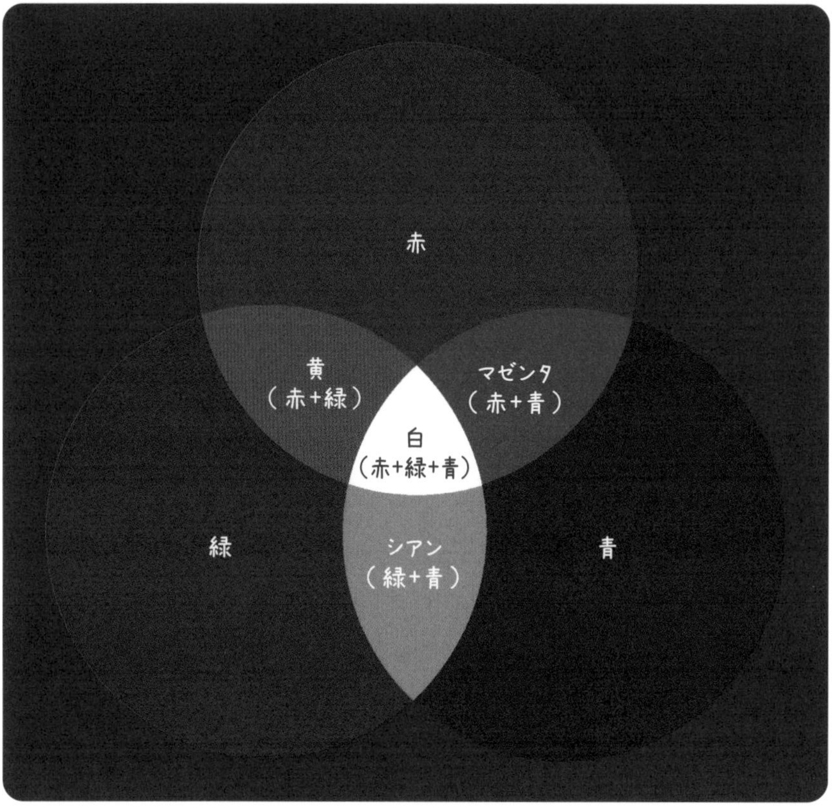

すべての色!?

赤，緑，青の3色は**光の三原色**とよばれています。英語で赤は「red」，緑は「green」，青は「blue」なので頭文字をとって**RGB**（アール・ジー・ビー）とよばれます。

RGBって，聞いたことがあります。
でも何のことかさっぱりでした。

たとえばテレビなどの**ディスプレイ**は，光の三原色を利用しています。
ディスプレイの表面を拡大してみると，赤色，緑色，青色にみずから発光するドットの組み合わせでできていることがわかります。

テレビが3色の組み合わせで色を表現しているって，はじめて知りました。

私たちの目は三つの小さなドットを別々の点としてとらえることができないので，3色の光が重なってさまざまな色として認識されるんですよ。
さらに赤，緑，青の3色の光を組み合わせれば，太陽光のスペクトルの中に含まれない色もつくりだせます。

太陽光に含まれていない色ってあるんですか？

はい。
たとえば**ピンク色**は，本来それに相当する波長の光がないので太陽光のスペクトルにはありません。しかし，光の三原色を適当な明るさの比率で組み合わせると，私たちはその光をピンク色だと認識するのです。

たったの3色の光であらゆる色の光をつくることができるなんて，不思議ですね。

そうでしょう。
でも，光の三原色でたとえば黄色をつくりだせたとしても，自然界の黄色の光とまったく同一というわけではないんですよ。
あくまで私たちには同じに見える，というだけなんです。

どういうことですか？

そもそも自然界の光（物体からの反射光など）の色は，**無数の波長の光**の組み合わせで実現されています。
次のグラフを見てください。

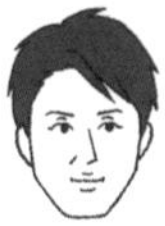

横軸は**波長**，縦軸は**光の強度**で，自然界の光を模式的にグラフ化したものです。どのような色がどれくらい含まれているかをあらわしています。
波長700ナノメートルくらいのところが赤色です。
このようなグラフも「スペクトル」とよばれます。

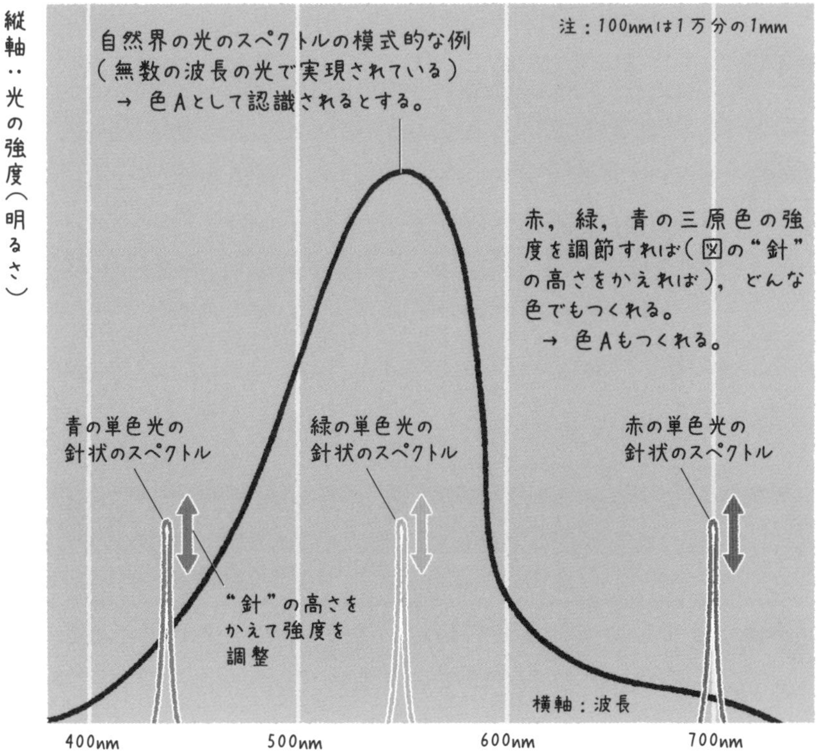

ふむ。

このスペクトルをもつ光が色Aとして人間に認識されたとしましょう。
たとえ，このスペクトルを完全に再現しなくても，赤・緑・青に対応する三つの単色光（特定の値の波長の光しか含まない光）を，明るさをうまく調節して組み合わせれば，色Aと同じ色の感覚を引きおこすことができるんです。

へー，不思議。

色は物理的な量というよりも，人間の視覚がつくりだす**心理的な量**だといえます。
ですから，たとえスペクトルが完全に一致しなくても，三原色をうまく組み合わせれば，人間の視覚を“だませる”わけです。

目の奥には，3色に対応したセンサーがある

なぜ，たった3色の組み合わせであらゆる色が表現できるのか，どうも納得がいきません。

赤，緑，青の3色だけで，すべての色をつくりだせるしくみには，目の奥にある**網膜**に秘密があります。

もうまく？

網膜は，カメラのフィルム，現代のデジタルカメラならCCDに相当し，レンズの役割を果たす「角膜」と「水晶体」で集められた光を受け取る部分です。

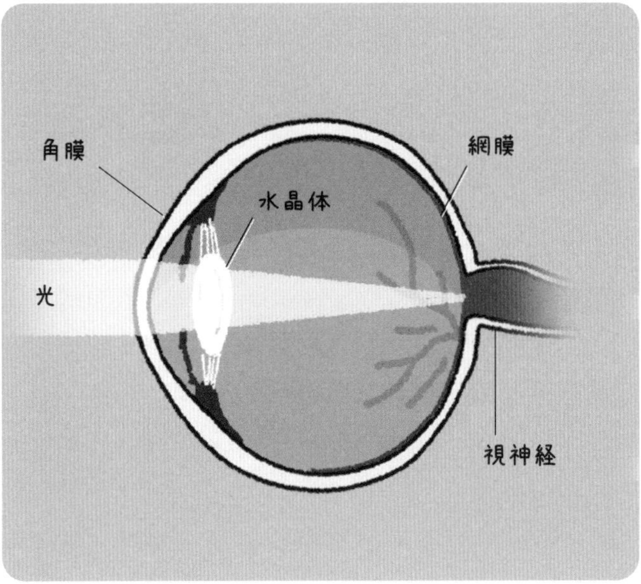

ふむふむ。

この網膜には**杆体**と**錐体**という，光を受け取る２種類の細胞があります。
杆体細胞は主に明暗を感じ取るセンサーとしてはたらきます。一方，錐体細胞は主に色を感じ取るセンサーといえます。

色の認識に重要なのは錐体細胞なんですね。

人間の眼の断面図

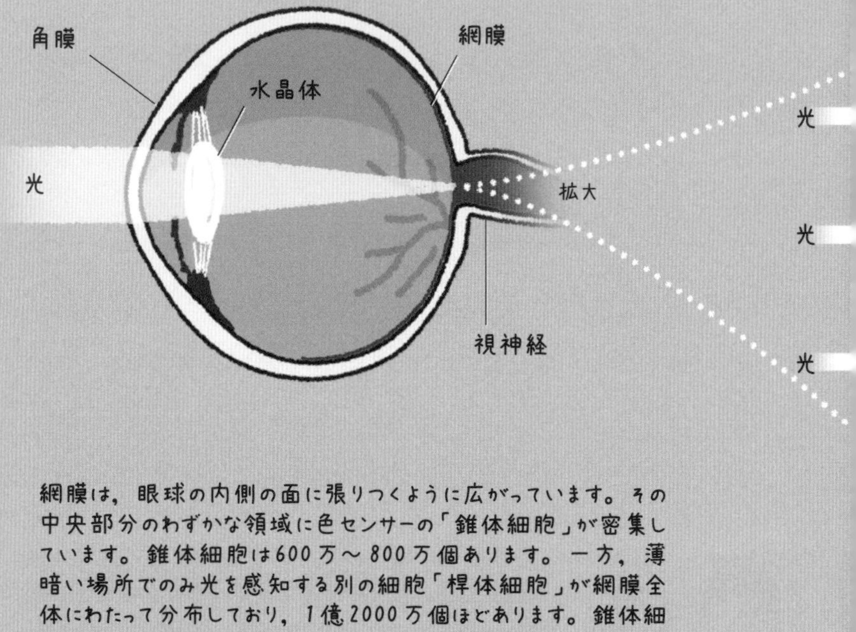

網膜は，眼球の内側の面に張りつくように広がっています。その中央部分のわずかな領域に色センサーの「錐体細胞」が密集しています。錐体細胞は600万～800万個あります。一方，薄暗い場所でのみ光を感知する別の細胞「桿体細胞」が網膜全体にわたって分布しており，1億2000万個ほどあります。錐体細胞と桿体細胞をまとめて視細胞とよびます。なお桿体の最も吸収率の高い波長は500ナノメートル（青色～緑色）付近です。

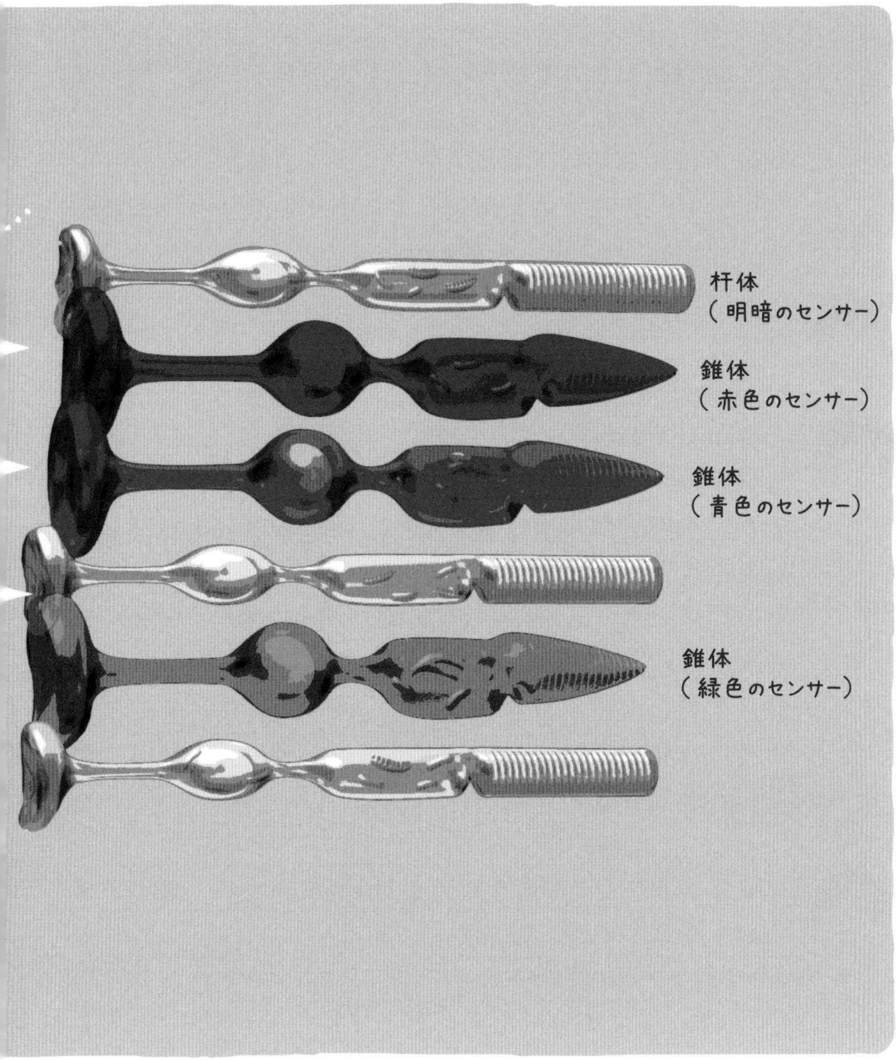
杆体
（明暗のセンサー）
錐体
（赤色のセンサー）
錐体
（青色のセンサー）
錐体
（緑色のセンサー）

ええ，そうです。
錐体の中には，実際に光を受け取る**視物質**が詰まっています。
この視物質には3種類あって，それぞれ赤，緑，青の光を主に受け取ることができるんです。
網膜の錐体細胞は，それぞれどれか1種類の視物質をもっており，それで光を感知しています。つまり，網膜の錐体細胞は，3色のいずれかの光を感じとるわけです。

視物質って3種類しかないんですか？

そうなんです。
この3種類の視物質が受け取った信号の強さの組み合わせが，視神経から脳に伝えられ，私たちは色を判断しているのです。
そのため，光の三原色をうまく組み合わせれば，3種類の色センサーをどのようにでも刺激できます。ということは，三原色の組み合わせだけで，原理的には，すべての色がつくりだせる，つまり「人間にあらゆる色を感じさせることができる」というわけです。

ほほう，それが「視覚をだませる」っていうことなんですね。よくわかりました。

トリの見る世界は，ヒトよりあざやかかも

興味深いことに，ヒトを含む霊長類の一部を除いたその他の哺乳類では，私たちヒトよりも錐体細胞の視物質が一つ少なく，**2種類**しかないようです。

そうなんですか？ だとしたら，動物たちには，世界はどう見えるんだでしょう？

断定的なことはいえませんが，イヌやネコ，ウシといった哺乳類は，ヒトよりも**色彩のとぼしい世界**を見ているのではないか，といわれています。

色彩のとぼしい世界なんて，なんかつまんなそうですね。

その一方で，魚類や爬虫類，鳥類は，錐体の視物質をヒトよりも一つ多い，4種類もっているといいます。

えっ？　魚や爬虫類が？
なんか，意外！

たとえば鳥類は，ヒトの目には見えない紫外線も見えるそうですよ。このため，これらの動物が見る世界は，私たちヒトが見る世界とはちがった色彩をもっていると考えられています。

紫外線が見える世界って，一体どんな世界なんだろう……。想像もつかない。

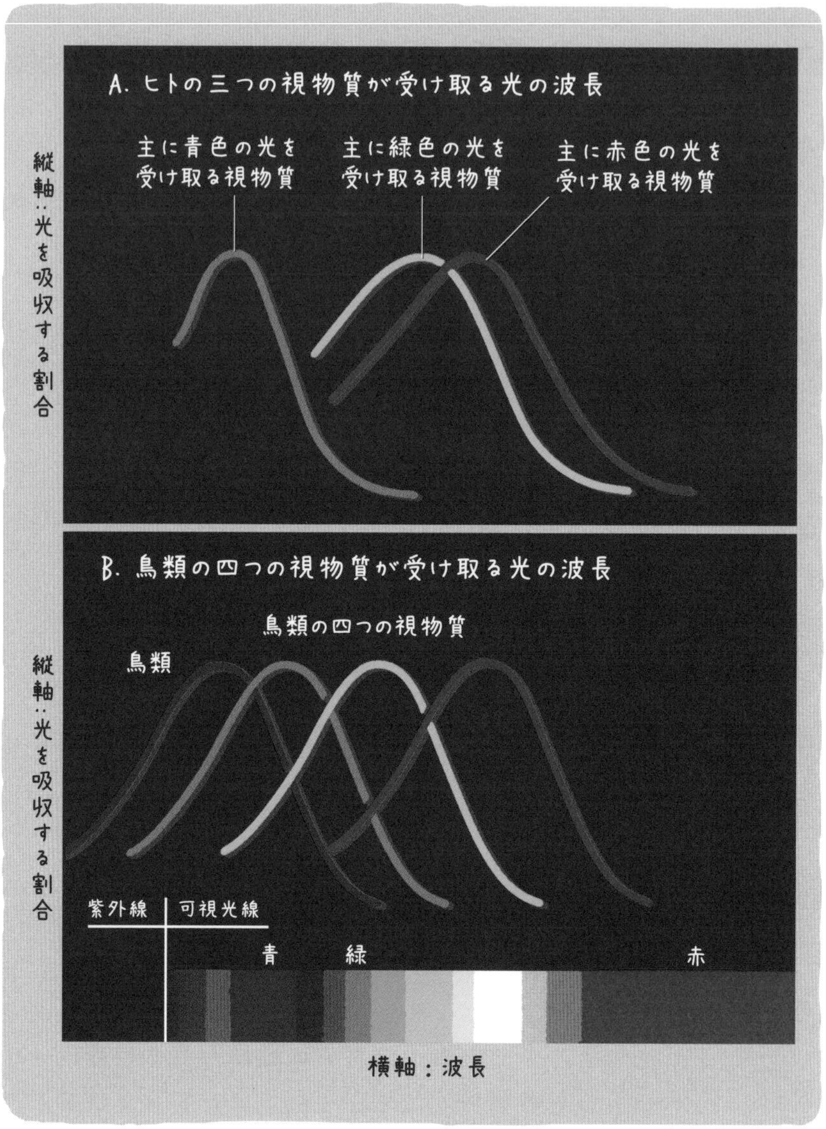
A. ヒトの三つの視物質が受け取る光の波長
主に青色の光を受け取る視物質
主に緑色の光を受け取る視物質
主に赤色の光を受け取る視物質
縦軸：光を吸収する割合
B. 鳥類の四つの視物質が受け取る光の波長
鳥類の四つの視物質
鳥類
縦軸：光を吸収する割合
紫外線
可視光線
青
緑
赤
横軸：波長

でも先生，どうして動物の種類によって，視物質の数がちがうんでしょうか？

あくまで仮説ですが，**哺乳類の祖先**は，進化の過程で夜行性を長く経験したため，視物質が二つに退化したといわれています。
しかしその後，**霊長類の祖先**は昼行性となって，色あざやかな木の実などを食べたり，敵を発見して身を守ったりするようになりました。
こうした進化の過程によって，ふたたび視物質がふえたと考えられています。

自分で光らない物の色は，反射した光の色

部屋の中の照明のように自ら発光するものでないかぎり，何らかの光源からの光を反射しないと，私たちにはその物体を見ることはできません。

赤く見えるリンゴも，自ら発光しているわけではなく，反射によって赤く見えるんでしたよね。ほかの物体も同じことですね？

その通りです。
たとえば，**植物の緑色の葉**は，光源からの白色光のうち，緑色以外の光を吸収し，緑色の光を反射しているから，緑色に見えるのです。

反射された光の色に見えるというわけですね。

そうです。
もう少し厳密にいうと，白色光のスペクトルのうち，赤色に近い波長領域の光と，青色に近い波長領域の光が吸収され，残りが反射されます。
この残りの光のスペクトルが，人間には緑色に感じられるわけです。

ふむふむ。
そういえば，吸収された光ってどうなるんですか？

緑色の葉の場合，吸収された光のエネルギーは，「光合成（二酸化炭素と水から炭水化物を合成し，酸素を放出する反応）」に使われています。ですが，普通の物体の場合，吸収された光のエネルギーは，温度を上げることに使われます。

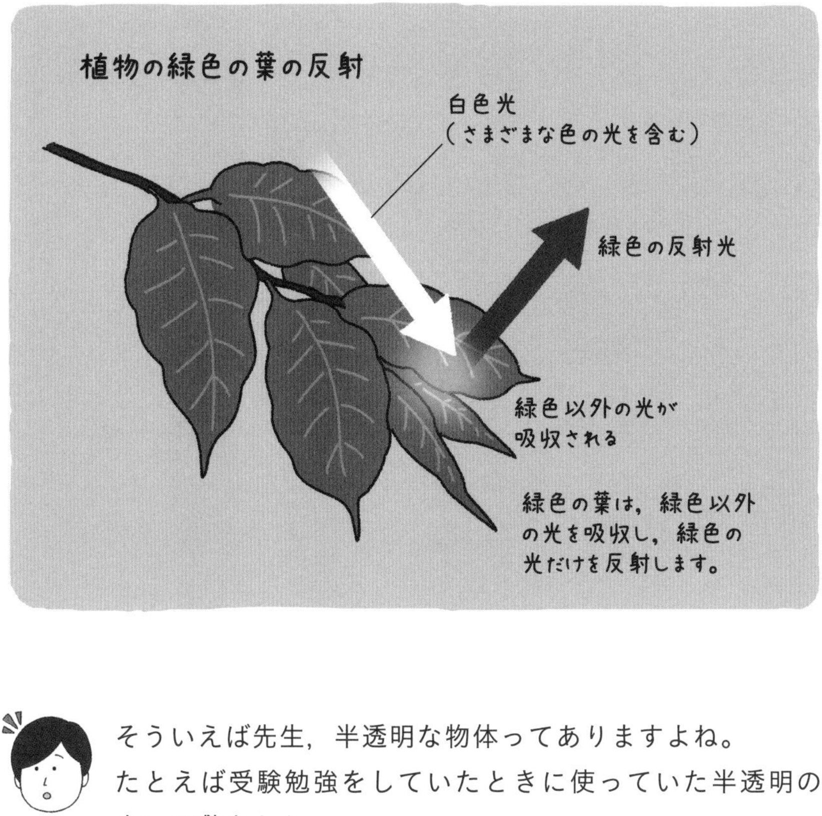

そういえば先生，半透明な物体ってありますよね。
たとえば受験勉強をしていたときに使っていた半透明の赤い下敷きとか。
あれはどういうことなんですか？

赤色の半透明な下敷きは，白色光のうち赤色以外の光を吸収します。そして，赤色の光だけを**透過**させるため，赤色に見えます。

赤色の半透明な下敷きの透過

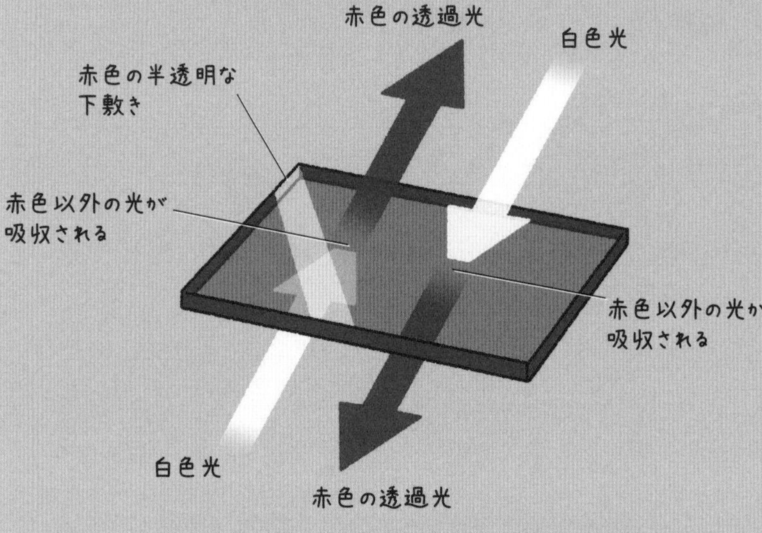

赤色の半透明な下敷きは，
赤色の光だけを透過させます。

3色の絵の具で，どんな色でもつくれる―色の三原色

先ほど，光の三原色について考えました。似たような考え方として，**色の三原色**というのもあるんですよ。

光の三原色と何がちがうんですか？

光の三原色は，**自ら発光する物体の色**についての考え方です。テレビのディスプレイや，電灯などの色を考えるときは光の三原色で考えます。

じゃあ，色の三原色は？

色の三原色は，絵の具など，みずから発光しないものを使ってさまざまな色をつくりだすのに必要な考えです。**シアン（明るい青色），マゼンタ（明るい赤紫色），黄色**が色の三原色となります。
白い紙の上で，この三つの色を組み合わせると，原理的にはすべての色がつくれます。

発光するものと，しないものとで三原色がちがうんですね。

そうです。
光の三原色と，色の三原色では，それぞれの色を混ぜ合わせたときに大きなちがいがあります。

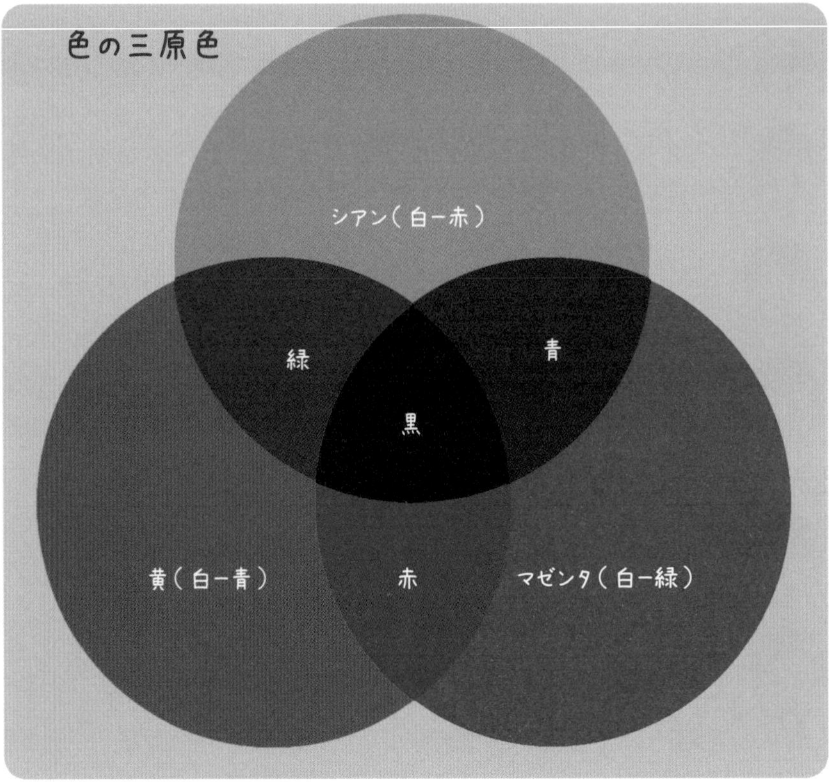

光の三原色である，青，赤，緑を混ぜ合わせると何色になるか，おぼえていますか？

白色です！

正解です！
一方，色の三原色の絵の具を混ぜ合わせると，白色ではなく，**黒**になります。

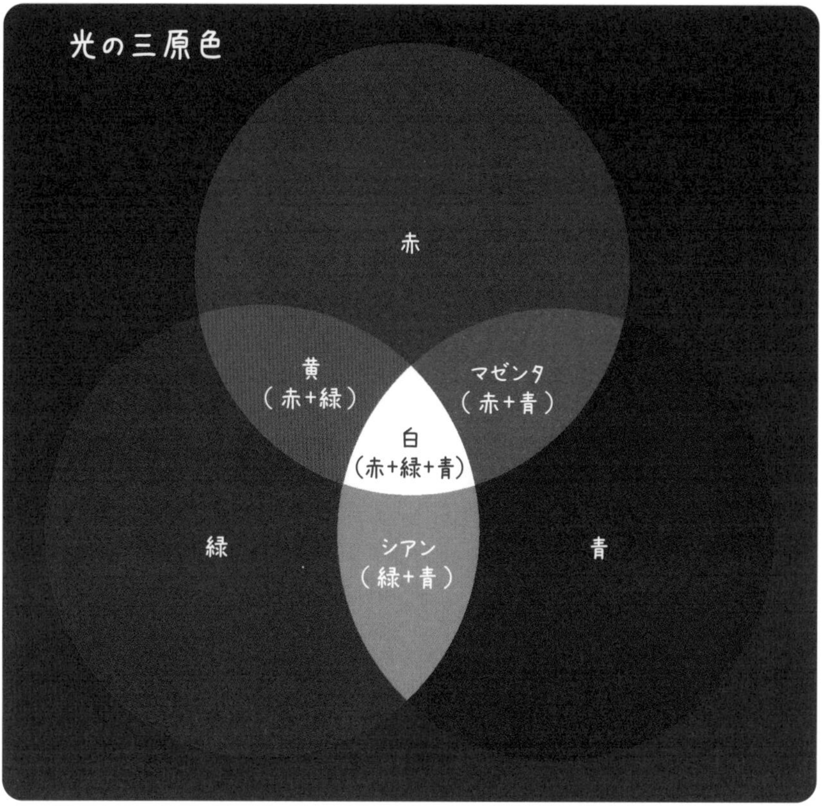

えっ，光の三原色と逆ですね。
いったいなぜですか？

これは“色の引き算”で考えるとわかりやすいでしょう。

色の引き算？

まず**シアン**の絵の具は，白色光から**赤色**の光を吸収し，残った光を反射することでシアンの色（青色）に見えています。
これは**白－赤＝シアン**ということです。

ふむふむ。

次に，**マゼンタ**の絵の具は，白色光から**緑色**の光を吸収します。つまり**白－緑＝マゼンタ**です。
そして**黄色**の絵の具は白色光から**青色**の光を吸収しています。つまり**白－青＝黄**です。
ということは，これら三つの絵の具を混ぜ合わせるとどうなると思いますか？

えーっと，こうでしたよね。

シアン　＝白色光－赤の光
マゼンタ＝白色光－緑の光
黄色　　＝白色光－青の光

ということは……，これら三つの絵の具を混ぜ合わせると，赤，緑，青が吸収されそうですね。

その通りです。
結局，この三つの絵の具を混ぜると，赤も緑も青もすべてが吸収されて，何も反射されないので，黒に見えるわけです。つまり**白−赤−緑−青＝黒**ということです。

色の三原色をまぜると黒になる（色の引き算）

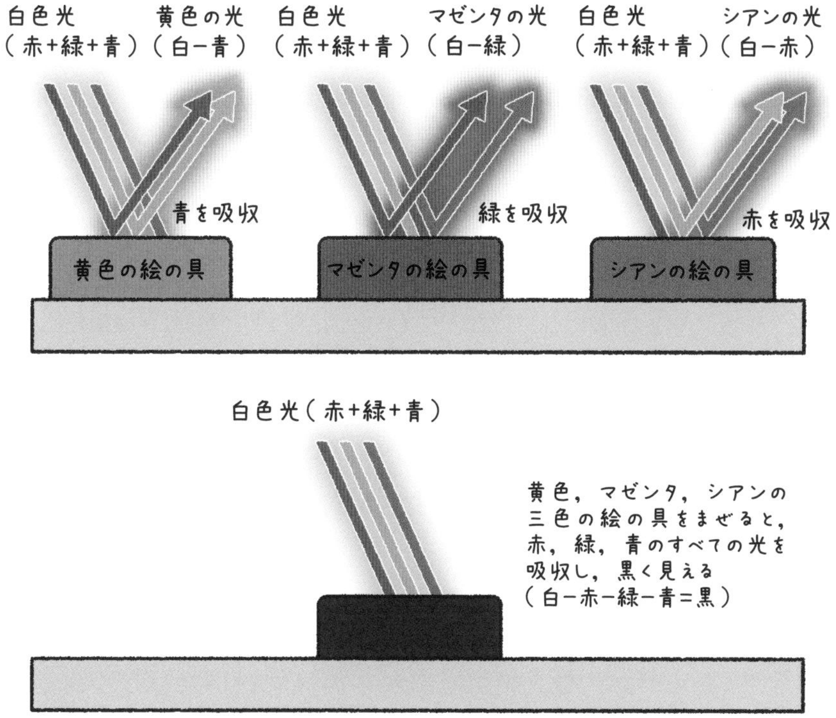

なるほど。
反射される光がなくなって，黒に見えるわけですね。

厳密にいえば，白色光は無数の色の組み合わせなので，赤，緑，青の単色光だけ吸収しても，必ずしも黒には見えません。たとえば，黄色の絵の具は，青色の波長を中心として，ある程度の波長の幅をもった，いろいろな色の光を吸収しています。
これはマゼンタ，シアンの絵の具も同様です。

ふむ。

理想的な絵の具であれば，色の三原色を混ぜればすべての色の光が吸収され，真っ黒に見えるはずですが，実際は“**吸収もれ**”があります。そのため印刷物などでは，色の三原色に加え，**黒色のインク**も混ぜて，吸収もれを補っています。
印刷などで色の三原色を利用する際，これらの色は，シアン（cyan），マゼンタ（magenta），黄色（yellow）の頭文字と，黒（black）のkをとり，**CMYK**（シー・エム・ワイ・ケー）とよばれます。

しーえむわいけー！

ちなみに，「光の三原色」の場合は，発光体や光自体の「重ね合わせ」を考えることが基本なので，“足し算”で考えます。赤，緑，青の光源からの光を白いスクリーンに当ててみると，これらの光がまじわった領域は，赤，緑，青すべてがスクリーンで反射するので，白色に見えます（赤＋緑＋青＝白）。

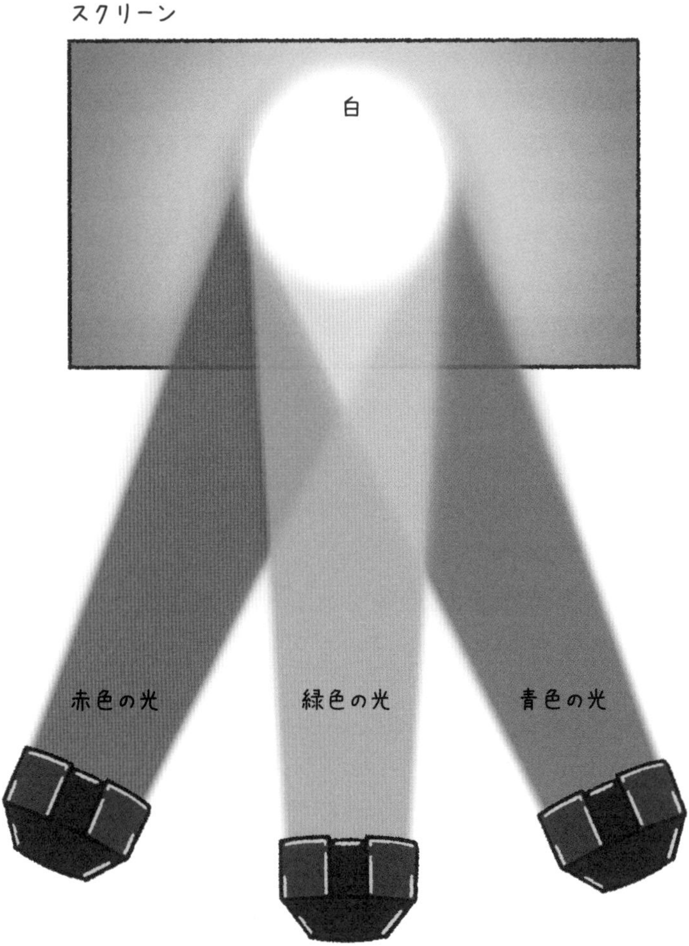
スクリーン
白
赤色の光
緑色の光
青色の光

3

時間目

光の正体を求めて

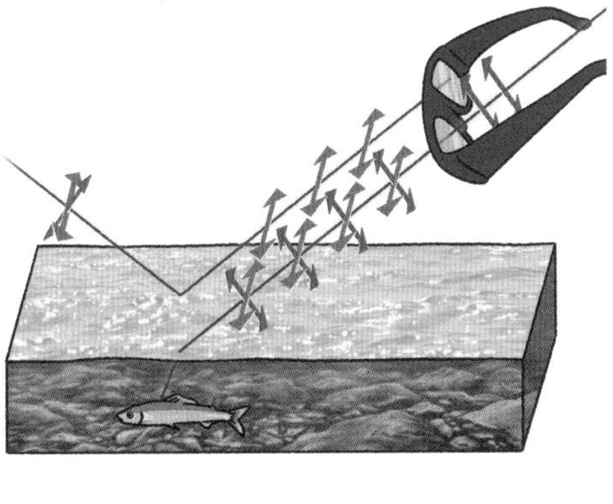

STEP 1

光の速さの探求

光は，ものすごい速度で進みます。人類はその速度を測るためにさまざまな工夫を凝らしてきました。そしてその結果から，光の意外な正体に迫ることに成功します。

光の速さは桁ちがい

ここからのテーマは**光の速さ**です。
部屋の明かりのスイッチを入れると，一瞬にして室内は明るくなりますよね。ですが，光は決して，電球がついたのと「同時」に部屋のすみずみまで届いているわけではありません。**光は時間をかけて，部屋のすみずみまで広がっているんです。**

いやいや，どう考えてもスイッチを入れるのと同時に，部屋全体が明るくなるようにしか見えませんよ。

それは，光が桁ちがいに速いためです。
しかし実際には，光には速さがあり，どこまでも一瞬で届くわけではないんですよ。

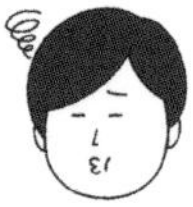

うぅむ，なかなか信じがたいですね。
光の速さって，どれぐらいなんでしょうか？

光は，**1秒間におよそ30万キロメートル**進みます[※1]。メートルになおすと秒速3億メートルです。
この光の速さを光速といいます。

秒速3億メートルなんて，ぜんぜんイメージがわきません！　秒速約3億メートルって，どれぐらいの速さなんですか？

1969年に人類ははじめて**アポロ宇宙船**で，地球から約38万キロメートルはなれた**月**に到着しました。このとき，アポロ宇宙船はおよそ**3日**かけて月にたどり着いたのですが，光ならわずか**約1.3秒**で到着します。

ひえ！　たった1秒ほどで地球から月に行けちゃうんですか！　すごい速度！
そういえば，小さいころ，音にも速さがあるって聞いておどろいた記憶があります。
光にもやっぱり，速さがあったんですね。

ええ。
音も速いため，私たちが日常でその速さを感じることはあまりないかもしれませんね。空気中を音が伝わる速さは，**秒速約340メートル**です。
しかし光は，音よりもうんと速くて，音の90万倍ほどのスピードで進みます。

90万倍!?
ぜんぜん桁がちがう！

※1：正確な光速の値（真空中）は，秒速299,792,458メートルです。現在，1メートルの長さは，光速を使って定義されています。光が299,792,458分の1秒間に進む距離が1メートルです。

これじゃあ時間をかけて光が進むようすを私たちが実感できるわけもありませんね。スイッチを入れるのと同時に部屋が明るくように思えるのも当然ですね。

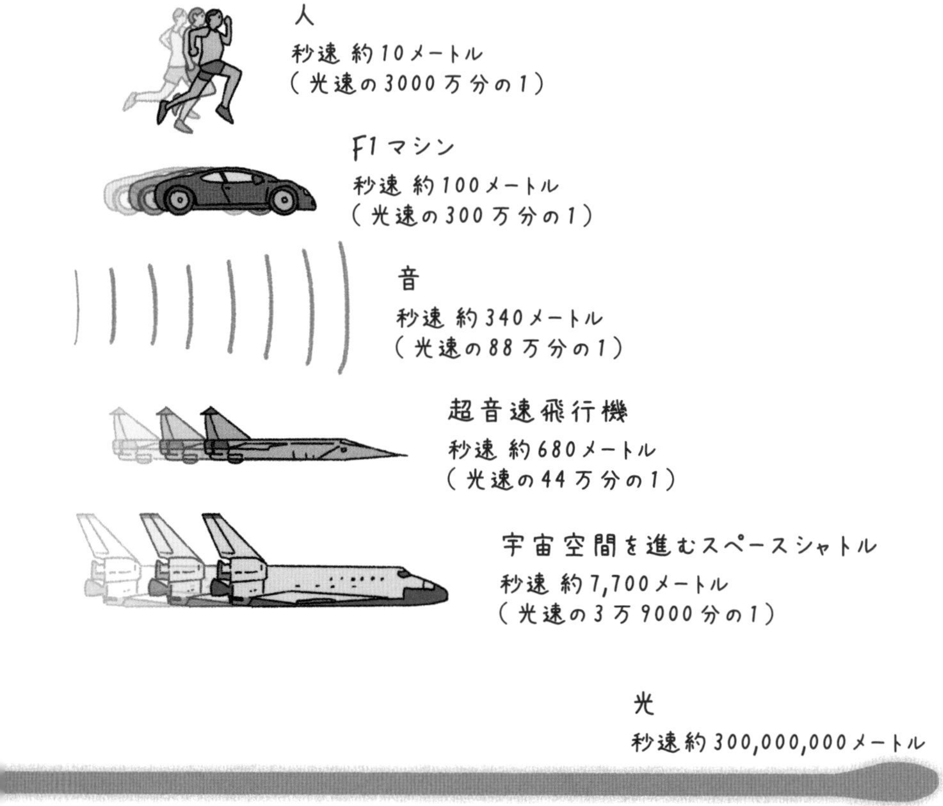

光速の測定に挑んだガリレオ

ほんの数世紀前まで，光の速さは無限大で，どれほど遠くはなれた場所にも一瞬で届くと思われていたのです。

そりゃそうですよ。光が時間をかけて進んでいるなんて，普通の人は思わないですよ。
でも，光の速度は猛烈なのに，いったいどうやって光の速度をはかることができたんでしょうか？

光の速度が無限ではなく，有限なのではないかと最初に考えた科学者は，16～17世紀に活躍したイタリアの物理学者・天文学者の**ガリレオ・ガリレイ**（1564～1642）だといわれています。

ガリレオ・ガリレイ
（1564～1642）

ガリレオ！　その名前，聞いたことがあります。

彼は，はなれた場所に立った二人がランプの光を使って合図を送りあえば，光の速さが求められると考えました。たとえば，5キロメートルはなれた場所で，二人が光の合図を往復させる（光が10キロメートル進む）のにかかった時間が1秒だとすれば，光の速さは秒速10キロメートルになります。

なるほど！　単純ですね。

しかしガリレオは，この方法で光速をはかることはできませんでした。

えー，なぜですか？
うまくいきそうなのに。

5キロメートルの距離を往復する（10キロメートルを進む）のに，光はおよそ**10万分の3秒**（0.00003秒）しかかかりません。このような短い時間を正確にはかる技術が，このころにはなかったのです。

10キロメートルを10万分の3秒!?
たしかに，そんなに短い時間を計測できそうにありませんねぇ。ガリレオさん，残念でした。

人類史上初，光速の測定に成功

ガリレオさんは失敗しましたけど，いったいだれが光速の測定に最初に成功したんでしょうか？

最初に光速の測定に成功した科学者は，17世紀のデンマークの天文学者，**オーレ・レーマー**（1644～1710）です。

レーマーはどうやって光の速度をはかったんですか？

彼は，**木星の衛星イオ**が木星の影にかくれる時間の間隔が変化するという現象を使い，光速の値を求めたのです。

どういうことですか？

次のイラストを見てください。
地球と木星は太陽のまわりを公転しているため，時間とともに地球と木星の位置関係は変化します。たとえば，このイラストのように，地球が時刻Aの位置から，その約5か月後に時刻Bの位置に移動すると，地球と木星は近づきます。

ふむふむ。

木星の衛星であるイオは，木星の周囲をおよそ**42.5時間で1周**しています。
もし光がどんな遠方からも一瞬にして届く，つまり「光速が無限大」であるなら，地球や木星がどの位置にあっても，イオが木星の影にかくれる瞬間が42.5時間ごとに観測されるはずです。

えーっと，どういうことでしょう？

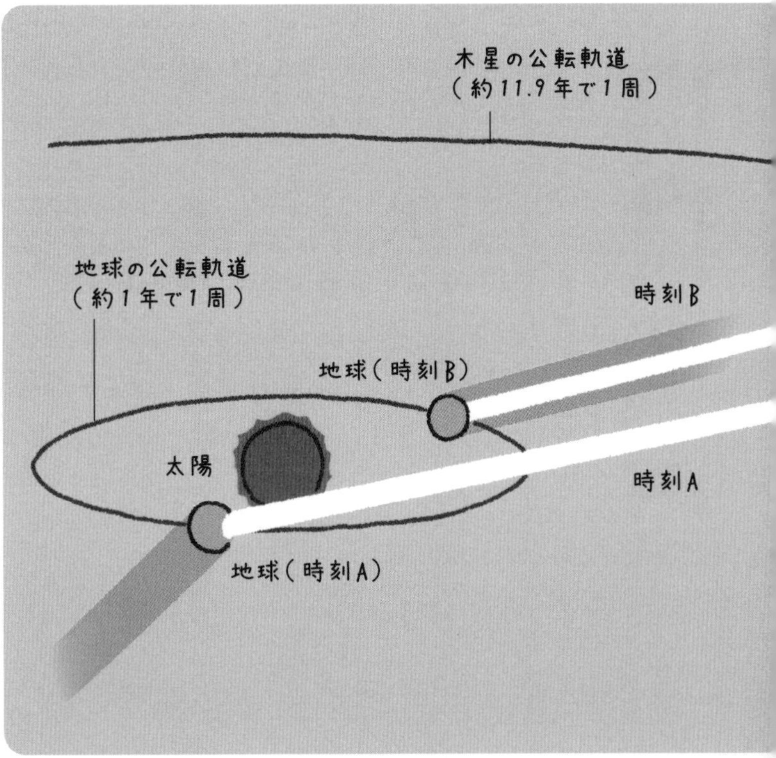

たとえば1月1日0時にイオの「食」(イオが木星の影にかくれる)がおきたなら，次にイオの食がおきる時刻であろう観測予定時刻は，42.5時間後の1月2日18時30分ごろになるはずだということです。その次にイオの食がおきるのは，さらに42.5時間後の1月4日13時ごろだと考えられます。

ほうほう。

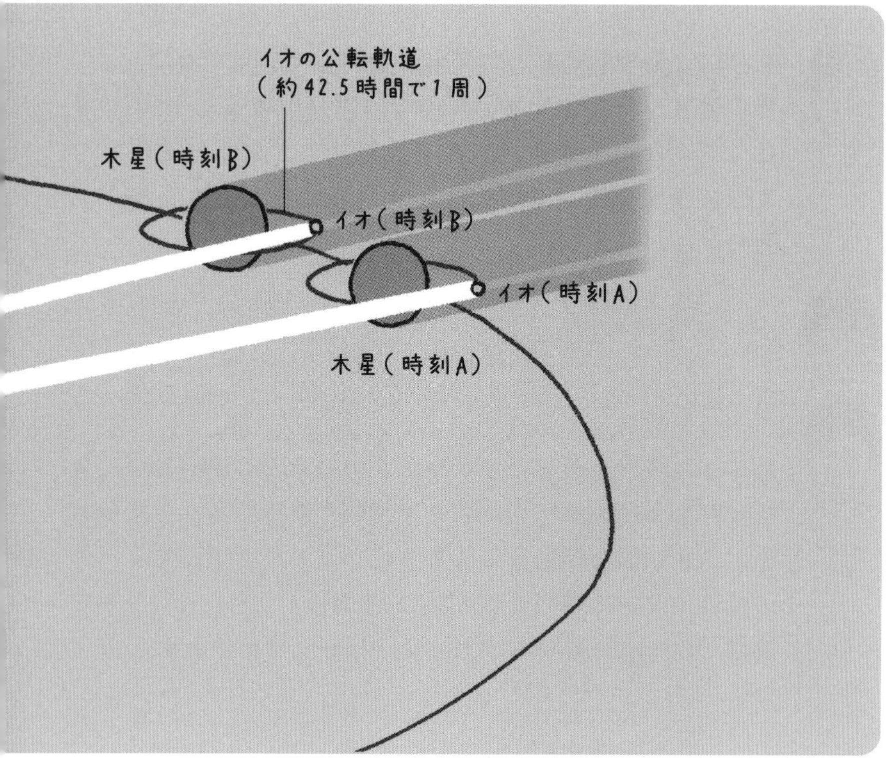

つまり，観測予定時刻は，単純に42.5時間を足していくことで計算することができるはずってことですね。

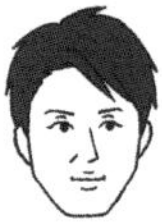

その通りです。
しかし，実際にはイオの食はきれいに**42.5時間**ごとではありませんでした。イオの食がおきる時間は，この「単純な予定時刻」から少しずつずれていったのです。最も早く観測されるときと，最も遅く観測されるときでは，約42.5時間間隔からのずれが**最大で22分**もありました。

22分も……。
これはいったいなぜですか？

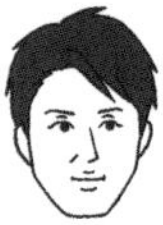

それは，地球とイオとの距離が変化していたからです。
光の速度は有限なため，地球とイオとの距離が近いときは，イオからの光が比較的早く届きます。一方地球とイオとの距離が遠いときは，イオからの光が届くまでより時間がかかります。

ふぅむ。

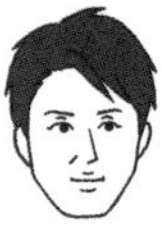

イラストを見ながら説明しましょう。
地球と木星およびイオが，時刻Aの位置から時刻Bの位置に移動するにつれて，地球とイオの距離は短くなっていきます。光が進む距離が短くなっていくわけですから，イオの食は，前回の観測時刻の42.5時間後という「単純な予定時刻」よりも**早く**観測されるようになっていきます。

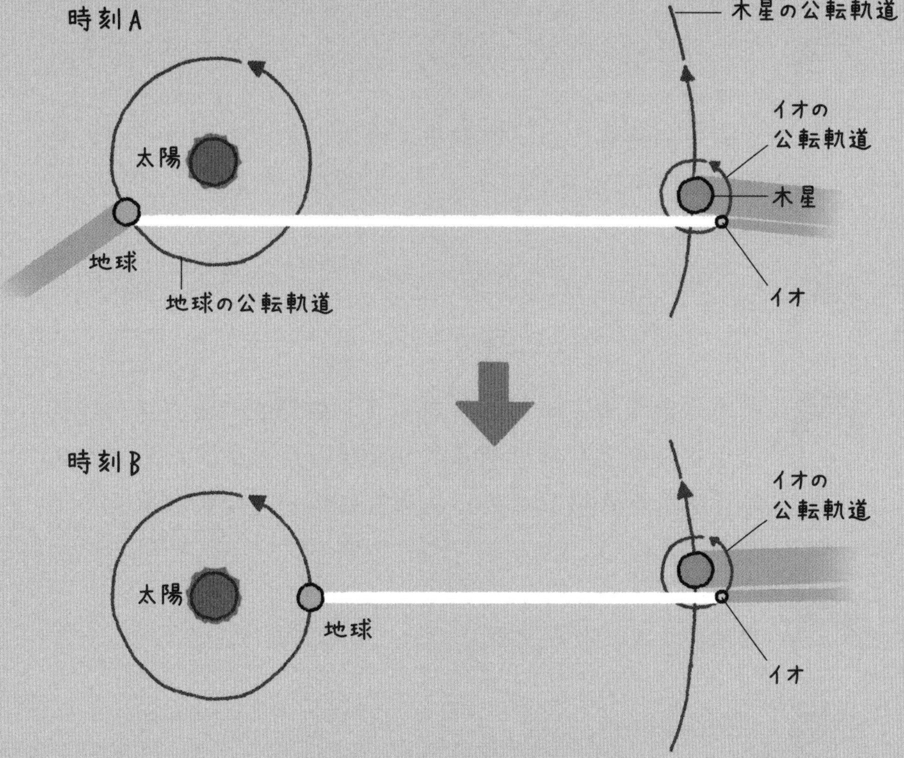

オーレ・レーマー
（1644～1710）

ふむふむ。

一方，時刻Bのあとは地球とイオは少しずつ遠ざかっていきます。
そのため実際には，時刻B以降は，イオの食は前回の観測時刻の42.5時間後という「単純な予定時刻」より**遅く**観測されるようになっていきます。

なるほど！

イオの食が予定時刻より最も早く観測されるのは，地球とイオが最短距離にある時刻Bで，逆に予定時刻より最も遅れて観測されるのは，地球とイオが最長距離にあるときです。

地球とイオとの距離が変わっていたのか〜。

観測時刻には，最大で22分の差があったわけですが，これは地球とイオの最短距離と最長距離の差（＝地球の公転軌道の直径）を，光が進むためにかかる時間だったのです。レーマーはこの事実をもとに，**1676年**に光の速さを計算しました。

そ，その速さはどれくらいだったんです!?

秒速約21.4万キロメートルです。

ほぉ！ 現在の値よりも少し小さいですけど，桁はあっていますね。

ええ。このずれは，当時の時計や天体観測の精度が低いことによる誤差によるものです。しかしレーマーによって，人類ははじめて科学的に光速の値を求めることに成功したといえるでしょう。

19世紀，歯車を使って光の速さが正確にわかった

レーマーは天文観測から，光の速度を計算しましたが，実験装置を使って光速の値をより高い精度で測定することに成功したのが，フランスの物理学者，**アルマン・フィゾー**（1819〜1896）です。

どうやって光速をはかったんでしょうか？

フィゾーの光速測定装置の原理は，遠くはなれた2点間を光が往復するときにかかった時間をはかるというものです。これは基本的に，前に紹介した**ガリレオのアイデア**と同じです。フィゾーは，望遠鏡のような観測装置と，光を反射させる装置をつくり，片道およそ**8.6キロメートル**の距離で光を往復させたのです。

いやいや，ガリレオと同じ方法じゃ無理じゃないですか。片道およそ8.6キロメートル程度じゃ，一瞬で光は行ってもどってきて，結局速度はわからないんじゃないんですか!?

ええ，たしかにそうですね。
片道8.6キロメートルということは往復17.2キロメートルです。光はこの距離を1万分の1秒もかからずに進みますから，普通に計測したのでは，とても正確に速度を求めるのは不可能でしょう。
そこでフィゾーは，光がもどってくるまでの時間を直接計測するのではなく，**回転する歯車**をうまく使うことで，光が往復するのにかかった時間を求めたのです。

うーん，どうやって光をはかるのか，まったくわかりません。

154ページのイラストを見てください。
まず，ランプから出た光が，望遠鏡のような装置の中にある**ハーフミラー**で進路が曲げられ，高速で回転する歯車に“ぶつ切り”にされながら，はなれたところにある，イラストの左上の**反射装置**に届きます。フィゾーは，歯車を回転させる速度を変えながら，反射した光がもどってくるかを実験したんです。

それでなぜ光速がわかるんですか？

この歯車には**720個**の歯がついています。
フィゾーは，1周720個の歯がついた歯車を高速で回転させました。
すると，歯車の歯は，光をさえぎったり通したりを高速でくりかえします。

ふむふむ。

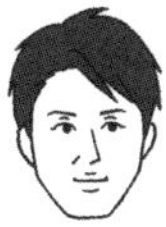

歯車の速さを調節しながら実験を続けた結果，フィゾーは**1秒間に12.6回転**の速さで歯車を回転させると，反射してもどってきた光が，1個分進んだ歯によってちょうどさえぎられることを発見しました。
これはつまり，歯車の歯が1個分進む間に，光が往復17.2キロメートルを進んできたことを意味しています。

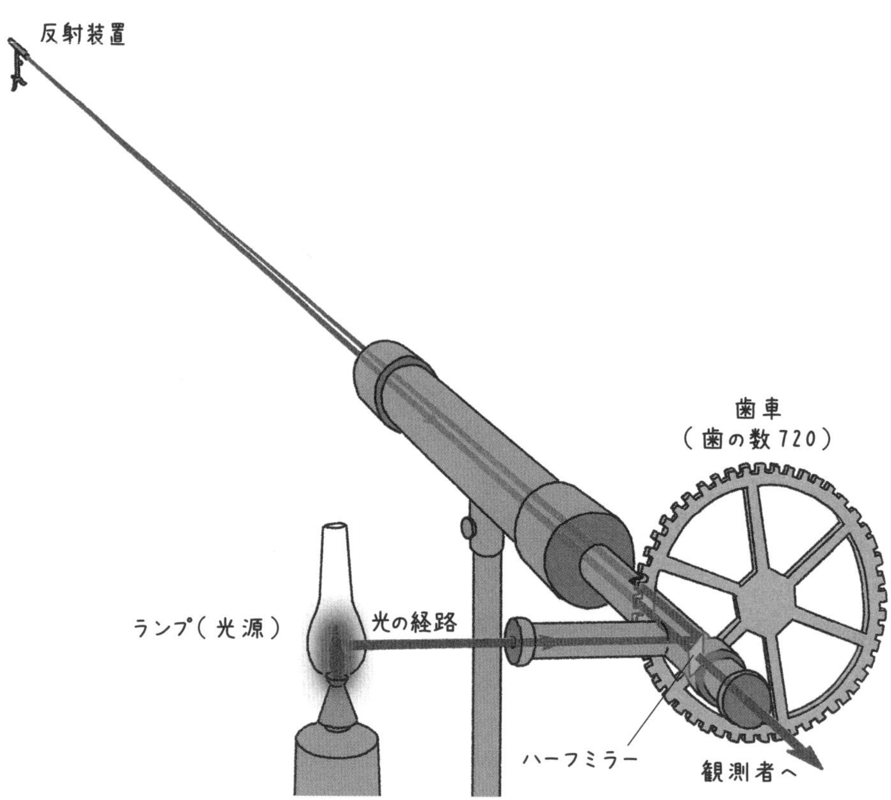

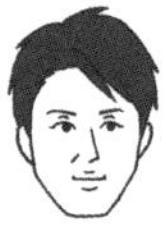

歯が1個分進むのにかかる時間を計算すると，約0.000055秒（1秒÷12.6回転÷720個÷2）です。
つまり，光は「17.2キロメートルの距離を0.000055秒の時間で進む」ということです！

なるほど！
こんな方法で速度がわかるなんて！

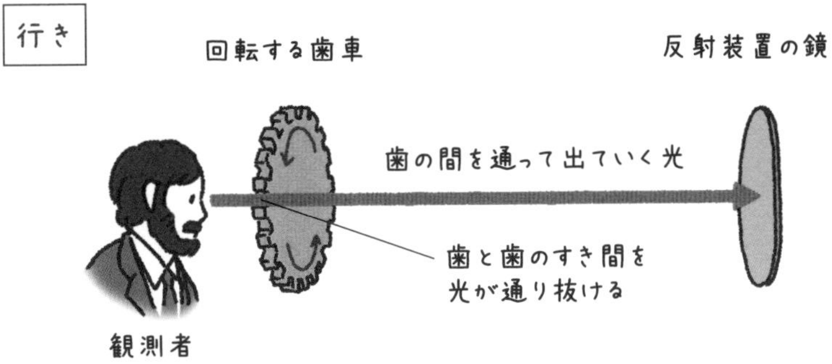

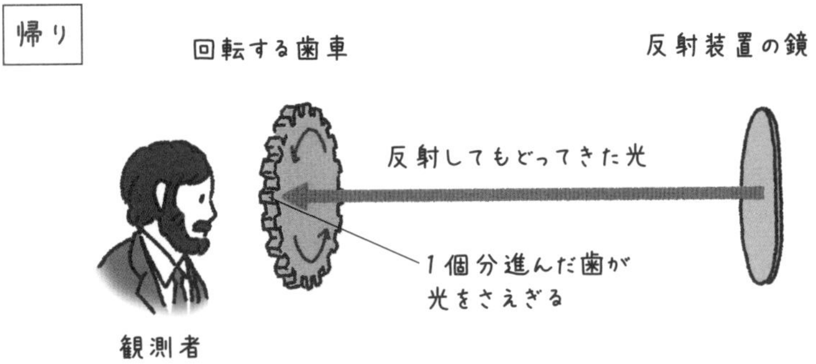

こうしてフィゾーは，光速が，**秒速約31.3万キロメートル**（＝17.2キロメートル÷0.000055秒）であることを導きだしたのです。

実際の速度の秒速約30万キロメートルにかなり近い数字になりましたね。
フィゾーさん，すごい！

光の正体は，電気と磁気がつくる波だった

さて，フィゾー以降に行われた数々の光速測定実験によって，光の速さは精度よく求められ，秒速約30万キロメートルであることが知られるようになりました。
しかし光については，**大きな謎**がありました。

謎？

それは**光の正体**です。
光の速度は判明しましたが，当時は，そもそも「光とは何であるか？」，そして“それ”が，どのように空間を伝わっていくのかはわかっていなかったのです。

光の正体ですか……。
たしかに光っていったい何なんですか？

これらの謎の答えを出したのは，光とは一見関係ないようにみえる研究を行っていたイギリスの物理学者，**ジェームズ・マクスウェル**（1831～1879）です。
マクスウェルは，「電気」と「磁気」に関する数々の実験によって，電気と磁気のふるまいを説明する物理学の理論である**電磁気学**をつくりあげた人物です。

でんじきがく？

ジェームズ・マクスウェル
（1831～1879）

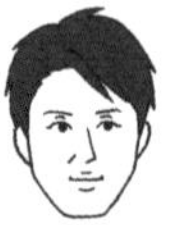

電磁気学は，それまで別のものと思われていた電気と磁気が，実は“双子の兄弟”のような存在であり，たがいに影響しあうことを示す理論といえます。この理論が光の正体をあばく鍵となったのです。

電気と磁気が影響しあう？

たとえば二つの磁石を近づけると，力（磁力）を感じるでしょう。これは磁石の周囲に，その磁力がおよぶ範囲である**磁場**が存在するからです。
同じように，電気（静電気）の周囲には**電場**という，電気の力がおよぶ範囲が存在します。

磁場と電場……。

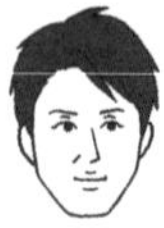

磁場と電場はおたがいに影響しあいます。
たとえば，導線に電流が流れると，導線の周囲の空間には**磁場**が生じ，導線の近くに置いた方位磁石がその影響を受けて動きます。

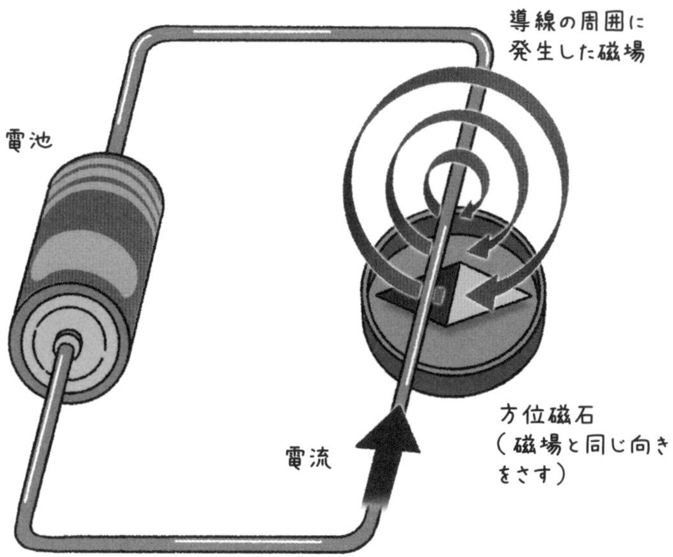

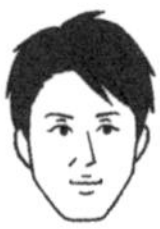

一方，磁石をコイルに近づけると，磁石の周囲の空間に**電場**が生じ，その影響でコイルに電流が流れます。
つまり，電気は磁気を生じさせ，磁気は電気を生じさせるのです。

なるほど。でも，電気も磁気も，光の正体に何か関係あるのでしょうか？

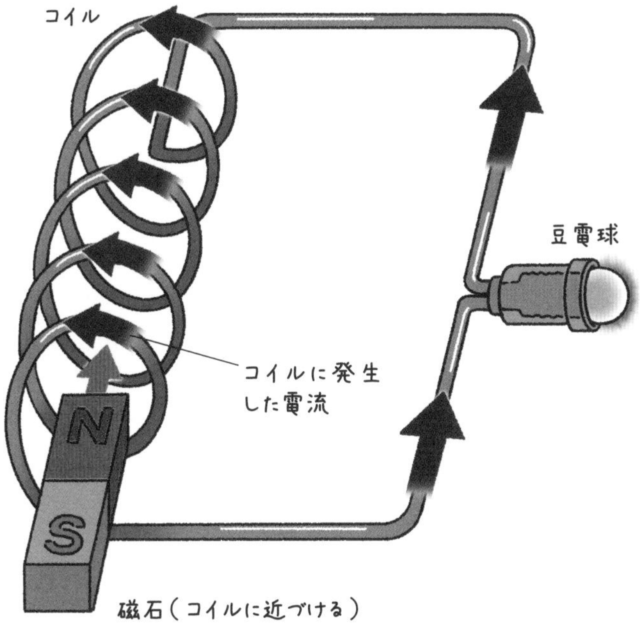

はい，大ありです。

たとえば，交流電流のように向きが変化しながら電流が流れると，周囲の空間には，その電流に巻きつくようにして磁場が生じます。

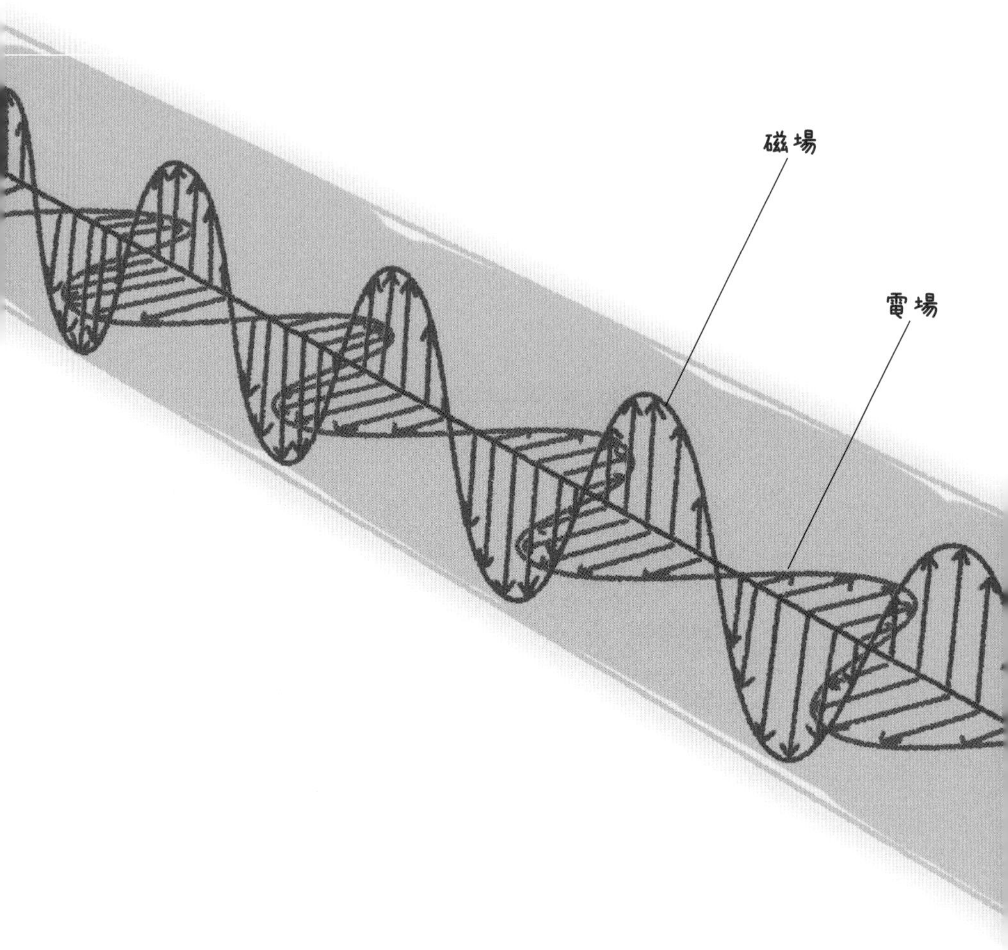

すると今度はその磁場に巻きつくように電場が生じ，さらにその電場に巻きつくように磁場が……というように，電場と磁場が連鎖的に生じます。

電場が磁場を生んで，その磁場がさらに電場を生むんですね。

$$c = \frac{1}{\sqrt{\mu_0 \varepsilon_0}}$$

c：光速

μ_0：真空の透磁率

ε_0：真空の誘電率

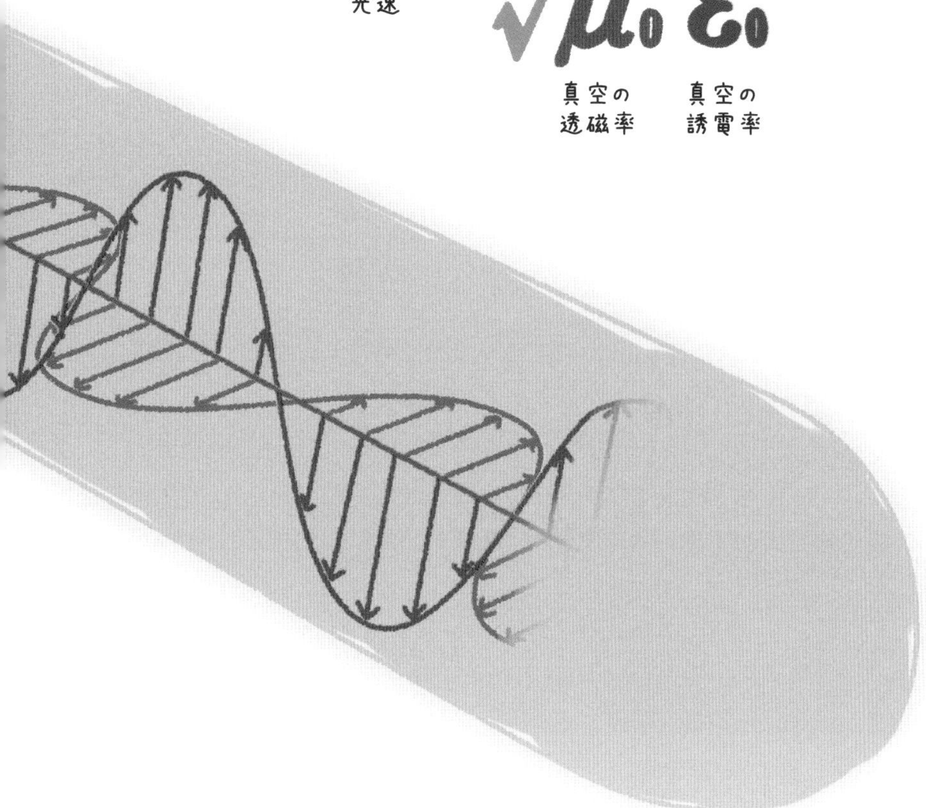

その通りです。
そして，このような電場と磁場の連鎖は，**波**のように進んでいきます。マクスウェルは，この波を**電磁波**と名づけました。

電磁波って聞いたことがあります。

さらにマクスウェルは，**電磁波が進む速さ**を，理論的な計算によって求めました。その結果，その値は**秒速約30万キロメートル**になったのです！

へ？　光と同じ？

はい。不思議なことに，当時明らかになっていた光速の値と一致したのです。
このことから，マクスウェルは，電磁波と光は同じものだと結論づけました。

光の正体は電磁波!?

そうです。
こうして，光速が有限であることをガリレオが指摘してから2世紀以上の時をへて，光の速さとその正体が，ようやく明らかになったのです。

電磁波って何？

電気と磁気が，たがいに影響しあうことはわかりました。でも，それらが**電磁波**となって進むという考え方がよくわかりません。

先ほどもお話ししたように，ある方向に電流を流す（電場を増大させる）と，その周囲には磁場が生じます。このとき，電流の向きと大きさを時々刻々と変動させると，それに応じて，まわりの磁場の向きと大きさも変動します。
一方，磁石を動かすなどして，ある方向に磁場を増大させると，その周囲には電場が生じます。
磁場の向きと大きさを変動させると，周囲の電場もそれに応じて変動します。

電場と磁場の関係の模式図

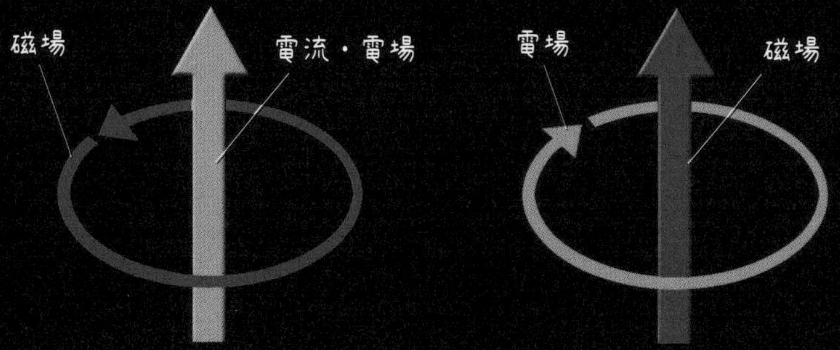

グレー矢印の方向に電流が流れるか，グレー矢印の方向に電場が増大すると，磁場が赤矢印の方向に発生する。

磁場が赤矢印の方向に増大すると，電場がグレー矢印の方向に発生する。

はい。ここまではなんとか理解できます。

たとえば導線に，向きと大きさが周期的に変動する**交流電流**を流します。すると，周囲に磁場が生じ，変動します。この変動する磁場は，さらに新たな電場を発生させ，しかも変動させます。

電場と磁場の連鎖的な発生（電磁波＝光）

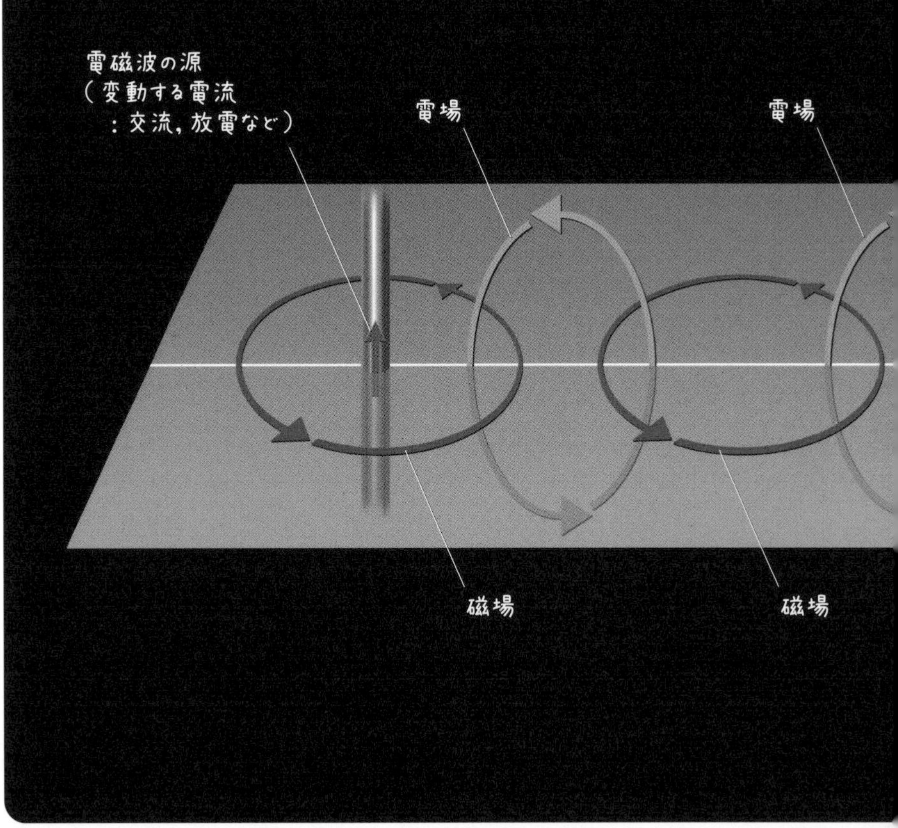

変動する電場と磁場が連鎖的に発生するんですね。

その通りです。このようにして，変動する電流から，周囲の空間に変動する磁場と電場が連鎖的に生じて，波のように進むことになるのです。

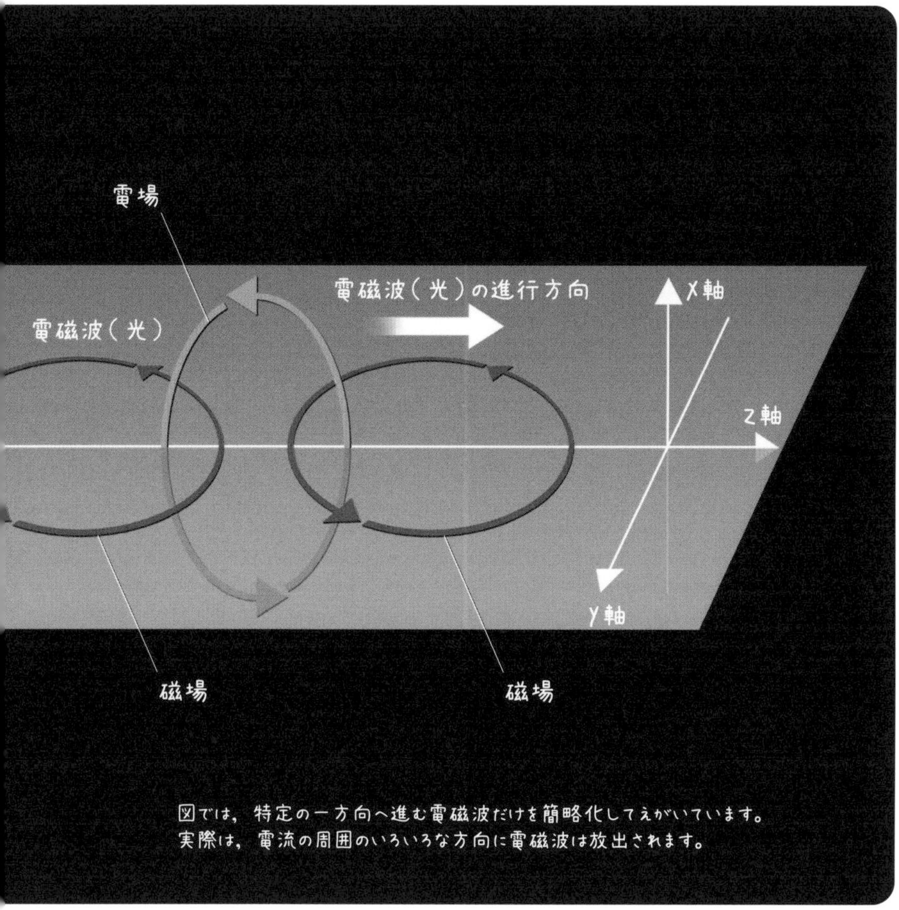

図では，特定の一方向へ進む電磁波だけを簡略化してえがいています。
実際は，電流の周囲のいろいろな方向に電磁波は放出されます。

ふむふむ。

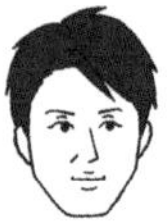

また，電磁波の“磁場の輪”と“電場の輪”の方向は，90度ずれています。電磁波における電場と磁場は直交するのです。

電磁波を発生させるきっかけとなる電流は，変動していなければならないのですか？

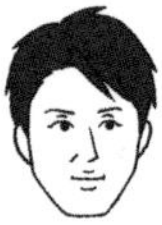

向きや大きさが一定の電流では，電磁波は発生しません。
電磁波を発生させるには，交流電流や，瞬間的に電流が流れてすぐに消える「放電」など，変動する電流が必要です。
また，電磁波を発生させる源の電流がなくなっても，発生した電磁波が消えることはありません。
その源となる電流がなくなっても，一度生じた電磁波は空間を進みつづけるのです。

偉人伝❷

近代科学の父，ガリレオ・ガリレイ

イタリアの物理学者・天文学者・哲学者であるガリレオ・ガリレイは，1564年2月15日，斜塔で有名なピサの町で，音楽家の父，ヴィンチェンツォ・ガリレイの長男として生まれました。ガリレオは数学に興味をいだき，大学の数学の教授になりました。

アリストテレスの理論を正す

ガリレオの時代，物体の運動の仕方については，重い物は軽い物より速く落ちるなど，古代ギリシアの哲学者アリストテレス（前384～前322）がとなえた説が根強く信じられていました。でもその説は，まちがっていました。ガリレオはアリストテレスの理論を正し，物体の落下する速度は，質量によらないことを示したのです。

また，発明されて間もない望遠鏡を自作して，天体観測を行いました。そして，月の表面に凹凸があることや，木星に衛星があることを発見しました。いずれも天文学史上に残る大発見です。

宗教との対立がつづいた

ガリレオは，コペルニクス（1473～1543）がとなえた「地動説」を支持し，従来の「天動説」を否定しました。ガリレオが批判したアリストテレスの理論や天動説は，キリスト教の教えと深く結びついていたため，ガリレオは教会側と対立しました。そして1633年，ガリレオは有罪判決を受け，最終的に教会側の主張を受け入れると誓います。

1642年，ガリレオは77歳で亡くなりました。多大なる業績にもかかわらず，公的な葬儀は行われませんでした。教会側が誤りを認め，ガリレオの名誉が正式に回復されるのは，死後350年たった1992年のことでした。

偉人伝❸

電磁気学を確立，ジェームズ・マクスウェル

私たちが電気を使った便利な生活を送れるようになったのは，電磁気学の理論を確立したジェームズ・マクスウェルの功績といえます。マクスウェルはさらに，光の正体が電磁波であることも明らかにしました。

数学の神童だったマクスウェル

マクスウェルは，1831年6月13日，弁護士の息子としてイギリス，スコットランドのエディンバラに生まれました。小さいころから数学の才能に秀でており，なんと14歳のときに，幾何学の卵形曲線に関する論文をエディンバラ王立協会（学会）で発表しています。

16歳でエディンバラ大学に入学したマクスウェルは，その後，ケンブリッジ大学で学び，1860年にロンドンのキングス・カレッジ教授，1871年にはケンブリッジ大学教授となり，気体の分子運動などの研究で業績を上げていきました。

ファラデーとの出会いと，電磁気学の確立

1855年，マクスウェルが20代半ばのころ，同じイギリスの物理学者・化学者であったマイケル・ファラデー（1791～1867）の電磁気の学説に出会います。

当時，電気と磁気は別のものだと考えられていました。しかしファラデーは，実験によって，電気と磁気はたがいに力をおよぼし合っていると発表したのです。ところが，当時のイギリスは厳しい階級社会で，“貧しい鍛冶屋”の息子とし

て生まれ，正式な教育を受けていなかったファラデーの発表を，まともに受け取る人々はいませんでした。独学で実験物理学者となったファラデーの論文には，理論をあらわす数式が十分に書かれていなかったといいます。

ファラデーの理論に接したマクスウェルは，その内容に深い興味と感銘を受け，ファラデーに手紙を書きます。こうして，20代の若き物理学者と，60代の老物理学者との交流がはじまり，二人は意見を交換し合います。やがて，マクスウェルはファラデーの理論から，電気と磁気の関連性をあらわし，のちの「電磁気学」の誕生につながる「マクスウェル方程式」を導きだしたのです。そして電磁波が，光と同じ速さで伝わることも理論的な計算で証明しました。これは，アインシュタインの相対性理論にも大きな影響をあたえることとなります。

電磁気学の確立という業績を残したマクスウェルでしたが，自分はファラデーの理論の助けをしただけ，と述べていたそうです。1879年，マクスウェルは患っていたがんが悪化し，48歳という若さでこの世を去りました。

STEP 2

光の正体は，波でもあり粒子でもある

光は電磁波です。では電磁波とは何でしょう。ここでは電磁波とは何か，その性質はどういうものかを中心に電磁波について説明し，さらに波であるとともに粒子でもある光の謎にせまります。

赤外線も可視光線もX線も，すべて電磁波

光の正体は電磁波だったんですね～。

電磁波には，いろいろな種類があります。携帯電話などの通信に使われる**電波**も電磁波の一種です。
それから，物をあたためる**赤外線**，目に見える**可視光線**，日焼けのもとになる**紫外線**，レントゲン撮影に使われる**X線**，放射性物質から出る**ガンマ線**。
これらもすべて電磁波です。

一口に電磁波といってもいろいろな種類があるんですね。
これらは何がちがうんでしょうか？

これらは**波長**がことなります。
波長とは，波の山から山までの長さのことです。上に紹介した電磁波のうち，電波が最も波長が長く，ガンマ線が最も波長が短くなります。

さまざまな電磁波と波長の関係

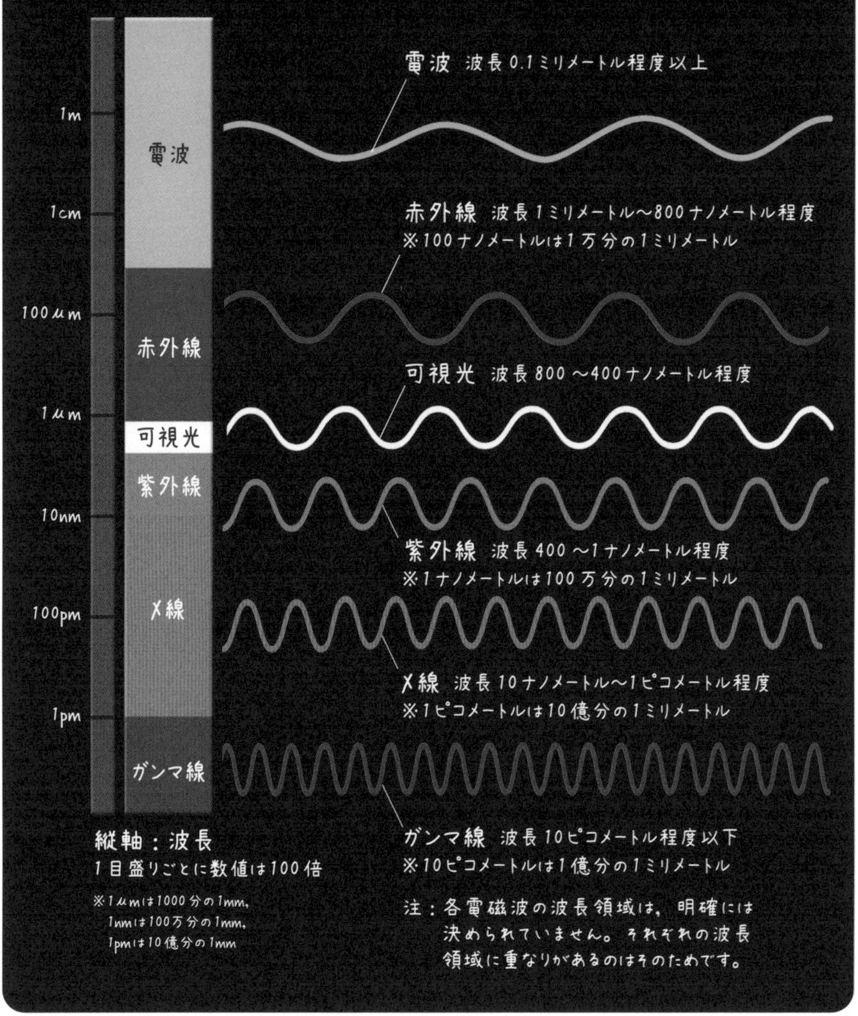

波の長さがちがうだけなんですね。

ええ，電波，赤外線，可視光，紫外線，X線，ガンマ線は波長がちがうだけで，同じ電磁波の仲間です。いずれも，電場と磁場が連鎖的に発生して，波として進んでいくものというわけです。一つの波長の中で，電場は1回（1周期分）上下に振動します。

ふむふむ。

電磁波は波長に関係なく，真空中では同じ秒速30万キロメートルで進んでいきますから，電磁波が通過するある1点に着目すると，**波長が短い光が通りすぎるときほど，1秒あたりの振動の回数は大きくなります。**

波長の長い赤色の光にくらべて，波長の短い紫色の光のほうが，何度も高速でブルブルしているわけですね。

ええ，そのようなイメージです。
1秒あたりの波の振動回数を**振動数**（または周波数）といいます。波長が短い電磁波ほど振動数は大きく（多く）なるわけです。つまり，波長の長い電波は振動数の低い電磁波であり，波長の短いガンマ線は振動数の高い電磁波である，ともいえるわけです。

ふむふむ。
光が物体に当たると，何がおきるのでしょうか？

電磁波は電場の振動なので，電磁波がやってくると**電子**などの電気をおびた粒子（荷電粒子）が，電場によってゆり動かされます。

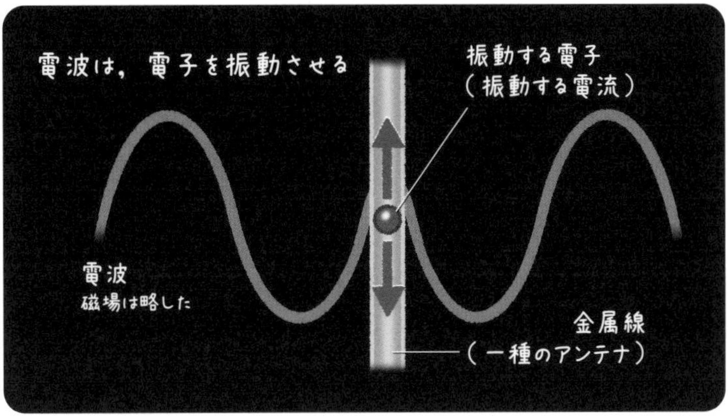

たとえばアンテナは，電波が当たって中の電子が振動することで，電波の情報を受信しています。

電子って，たしか原子の中にあるものですよね。

その通りです。
マイクロ波（電波の一種。波長約1ミリメートル～1メートル）や赤外線は，分子の中の**電子**に作用し，その結果として分子全体をゆり動かします。
たとえば，**電子レンジ**では，マイクロ波を使うことで，物体に含まれる分子をゆり動かしています。
分子の動きがはげしいほど温度は高くなります。

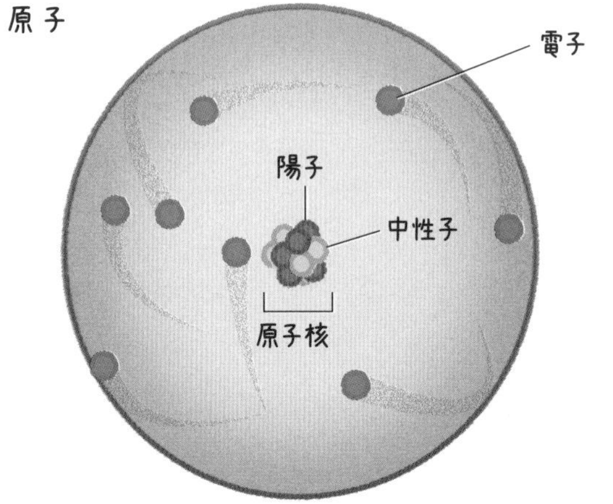

電子レンジで物体が温まるのは，このようにして分子がゆり動かされるからなのです。

私の家には**赤外線ヒーター**があるんですけど，これも同じですか？

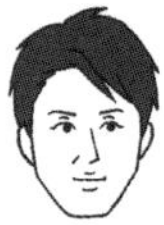

はい，同様のしくみだといってよいでしょう。

なるほど〜。
ところで私たちが光を見ることができるのは，光が**目の網膜**に当たるからでしたよね。このときもやっぱり電子が関係しているんでしょうか？

はい，いいところに気づきましたね。
私たちが見ることのできる可視光線は，目の網膜の細胞に含まれる**視物質**の分子の中の**電子**をゆり動かし，結果として視物質の**分子構造**を変えます。これが信号となって，最終的には視神経から脳へと視覚情報が送られるのです。

物を見るときは，目の中の視物質の構造が光によって変えられていたんですね。

はい，そういうことです。
さて，波長の短い紫外線・X線・ガンマ線は，とくに大きく電子をゆり動かします。そして，分子の中の電子をはじき飛ばし，化学結合をこわしたり，原子をイオン化させたりします。
たとえば，これらの電磁波が細胞中のDNAに当たると，DNA分子中の電子をはじき飛ばしてしまい，DNAは結合が切断されるなどして傷ができてしまいます。

ひょえー。
紫外線は体に悪いっていいますもんね。

ええ。
電波からガンマ線まで，物質にあたえる影響は一見ことなっているように思えてしまいます。
しかし結局のところ，すべて荷電粒子（電子など）をゆり動しているのです。

電磁波が物質中の電子などをゆり動かす際には，電磁波の一部は物質に吸収され，エネルギーが物質に受け渡されます。これが，物質による光（電磁波）の吸収の本質的な意味です。

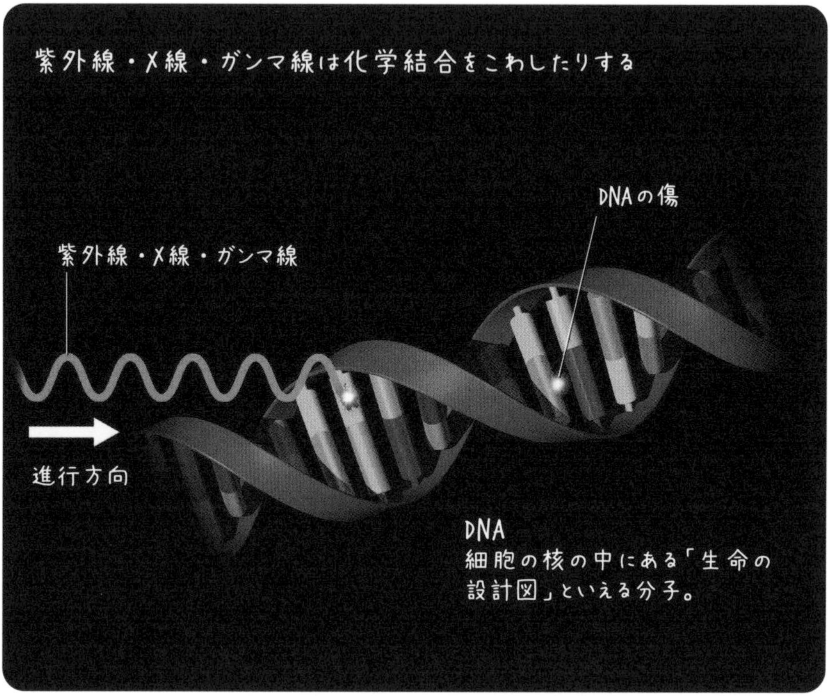

どんな物体も，温度に応じて電磁波を放出している

わが家には，赤外線ストーブがあるんですけど，赤外線も電磁波の一種だったんですね。

そうですよ。
先ほどもお話しした通り，赤外線が当たると，物体を構成する分子が赤外線によってゆり動かされます。そのため，物体は温まるのです。

自分の体が赤外線によってゆり動かされていたなんて，なんだか不思議な感覚ですね。

さて，電磁波を吸収するのとは逆に，実はあらゆる物体は，その温度に応じた量の**赤外線**を放出しています。
たとえば，先ほどの赤外線ストーブは，ヒーターに電流が流れて高温になり，その温度に応じた量の赤外線を放出しています。
これを**熱放射**といいます。

温かいと赤外線が出るわけですか？

その通りです。ストーブほどの高温でなくても，たとえば私たちの体も赤外線を放出しています。
これは，物体が放出する赤外線を感知し，温度を目に見えるようにする**サーモグラフィー**という装置で見ればよくわかります。

サーモグラフィー画像（赤外線による画像）のイメージ
（赤：温度が高い領域，グレー：温度が低い領域）

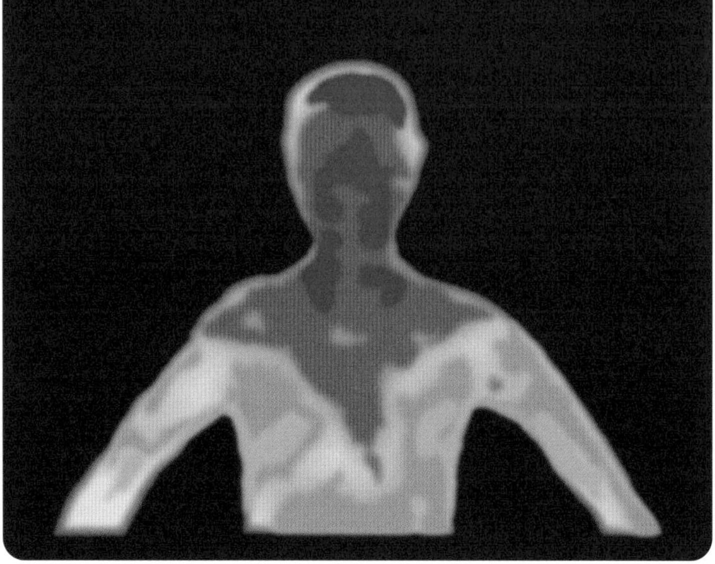

私たちの体からも赤外線が放たれていたなんて，びっくりです！

赤外線だけでなく，より高温の物体になると，波長の短い光が含まれるようになります。
製鉄に使われる溶鉱炉や陶芸用の窯の中を見ると，非常に高温なので明るく光っています。これは高温の物体が赤外線よりも波長の短い可視光線を，わずかながら放出するためです。

放たれる電磁波の波長は，温度と関係しているってことですか？

そうです。高温になればなるほど，波長の短い成分がふえてくるので，温度に応じて色が変わっていきます。
たとえば600℃程度なら明るい赤色，800℃程度なら橙色，1000℃程度なら黄色，1300℃以上なら白色に見えます。

ほー。

私たちの日常でも，高音の物体から放たれる電磁波を見ることができます。それは**白熱電球**です。
白熱電球は，フィラメントが高温になることで**可視光線**を発しているんです。

白熱電球が白く光っているということは，その温度は**1300℃以上**ってことですか？

その通りです。白熱電球のフィラメントの温度は**2000℃～3000℃程度**にも達しています。

アツアツなんですね！
なぜ，いろんな物体はその温度に応じて，電磁波を放出するんでしょうか？

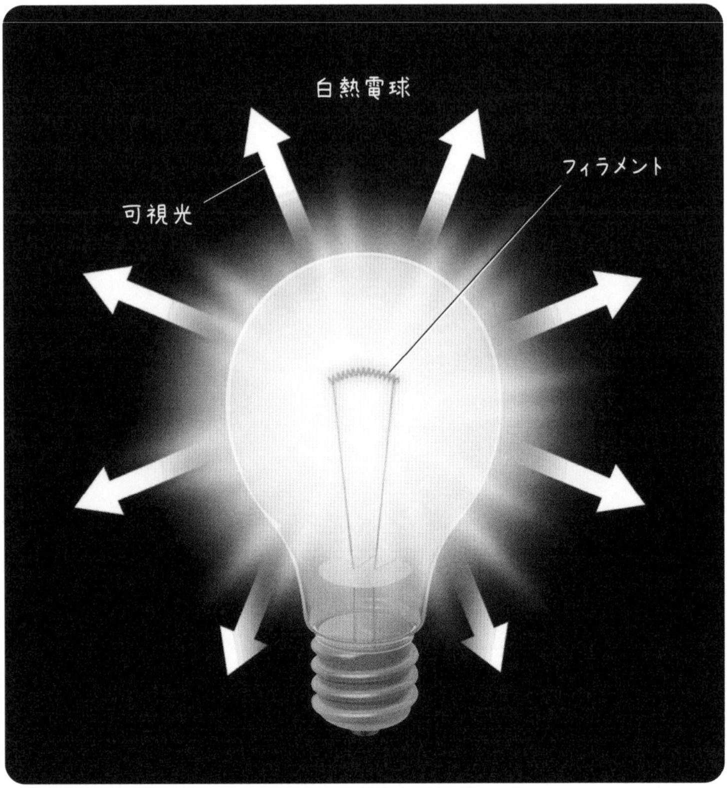

先ほど，電磁波が電子に当たると，電子はゆり動かされることを説明しました。実は，逆に電子が振動すると，そこから電磁波が発生するんです。
物体を構成する原子や分子は，つねに回転したり，振動したりしています。
つまり，これによって，電磁波が発生するわけです。

高温物体の内部の拡大

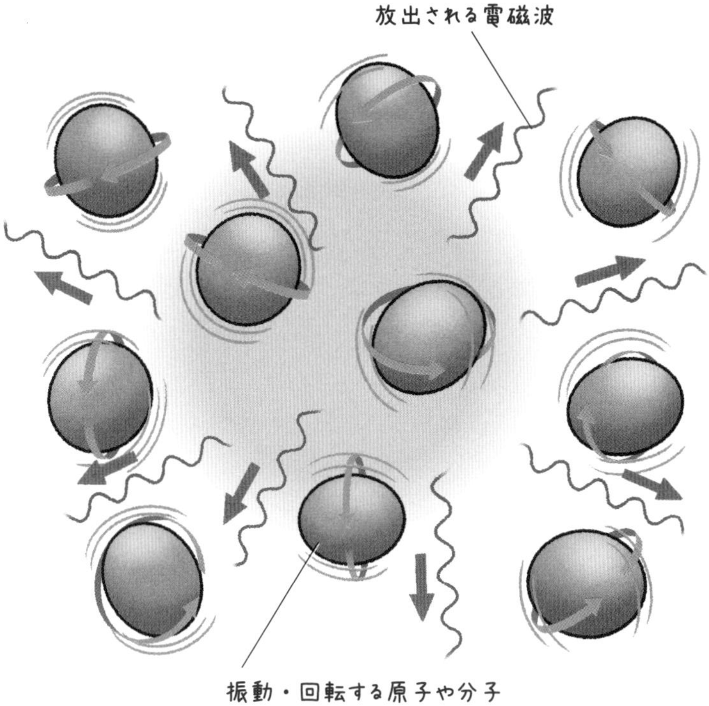

温度が高い物体ほど，原子や電子ははげしく運動します。そのため，そこから放たれる電磁波も温度によって変化するわけです。

なるほど。

電子の振動をはげしくすれば，振動数の高い（多い）電磁波が発生します。

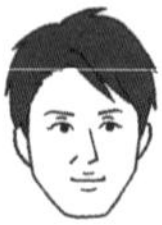

逆に，振動数が高い電磁波ほど，電子をはげしく振動させます。つまり，もっているエネルギーが大きいわけです。たとえば，ガンマ線は振動数が高いので，エネルギーが大きい電磁波といえます。

星の色のちがいは，温度のちがい

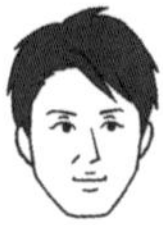

ここまで説明したように，熱放射では，一般に物体の温度が高いほど，波長の短い光が多く放射されるようになっていきます。
次の表を見てください。これは，放射される電磁波の波長と温度の関係をあらわしたものです。

ふむ。

この表を見てわかるように，身のまわりのほとんどの物体の温度は，主に**赤外線**を放出する温度領域に入っていることがわかります。

2000℃以上の温度なんて，私たちの日常生活では，まずお目にかかりませんからね。

そうですね。
でも，宇宙には，**数十万℃**というような高温の世界が当たり前のようにあります。

物体の温度と，主に放出される電磁波

電波	マイナス270℃程度の極低温
赤外線	～2000℃程度
可視光	～1万℃程度
紫外線	～数十万℃程度
X線	～10億℃程度
ガンマ線	10億℃以上

※表はあくまでも「主に放出される」という意味です。高温な物体からは，波長の長い電磁波も多く放出されます。なお，X線以上の熱放射は，ブラックホールなど，宇宙の高エネルギー天体くらいでしか見ることができません。

えっ，そんな世界，どこにあるんですか!?

私たちの太陽を含めた，みずから輝く星である**恒星**です。恒星は核融合反応という反応によって高温になっており，その表面からは**可視光線**が熱放射として放出されています。空を見上げたとき，この熱放射の光を私たちは見ているんです。

へー，そうだったんですね。じゃあ，星たちの温度によって，色も変わるんでしょうか？

はい，その通りです！
表面温度が3300℃程度の星は赤く見え，6300℃程度の星は黄色に見えます。表面温度が1万℃を超えている恒星は，白から青に見えます。

温度が高くなるにつれて，青白い感じになるんですね。

はい。表面温度が高くなるほど，波長の短い光が熱放射によって多く放出されるようになるので，このような色のちがいが出てきます。
188ページのグラフは，恒星の表面温度の変化によって，恒星が放出する光のスペクトル（波長に対する光の強度分布）がどのように変化するかを理論計算にもとづいて出したものです。横軸が波長，つまり色と関係しています。

このグラフから何がわかるんでしょうか？

約3300℃の恒星のグラフを見ると，可視光線の領域では，赤色の光を最も強く出していることがわかります。約6300℃の恒星は黄色あたりの光が最も強く，約1万2300℃の恒星は，可視光領域では波長の短い青や紫の光が最も強くなっています。

ほうほう，なるほど。

このように，温度が高くなるほど，波長の短い光を強く放出するようになります。

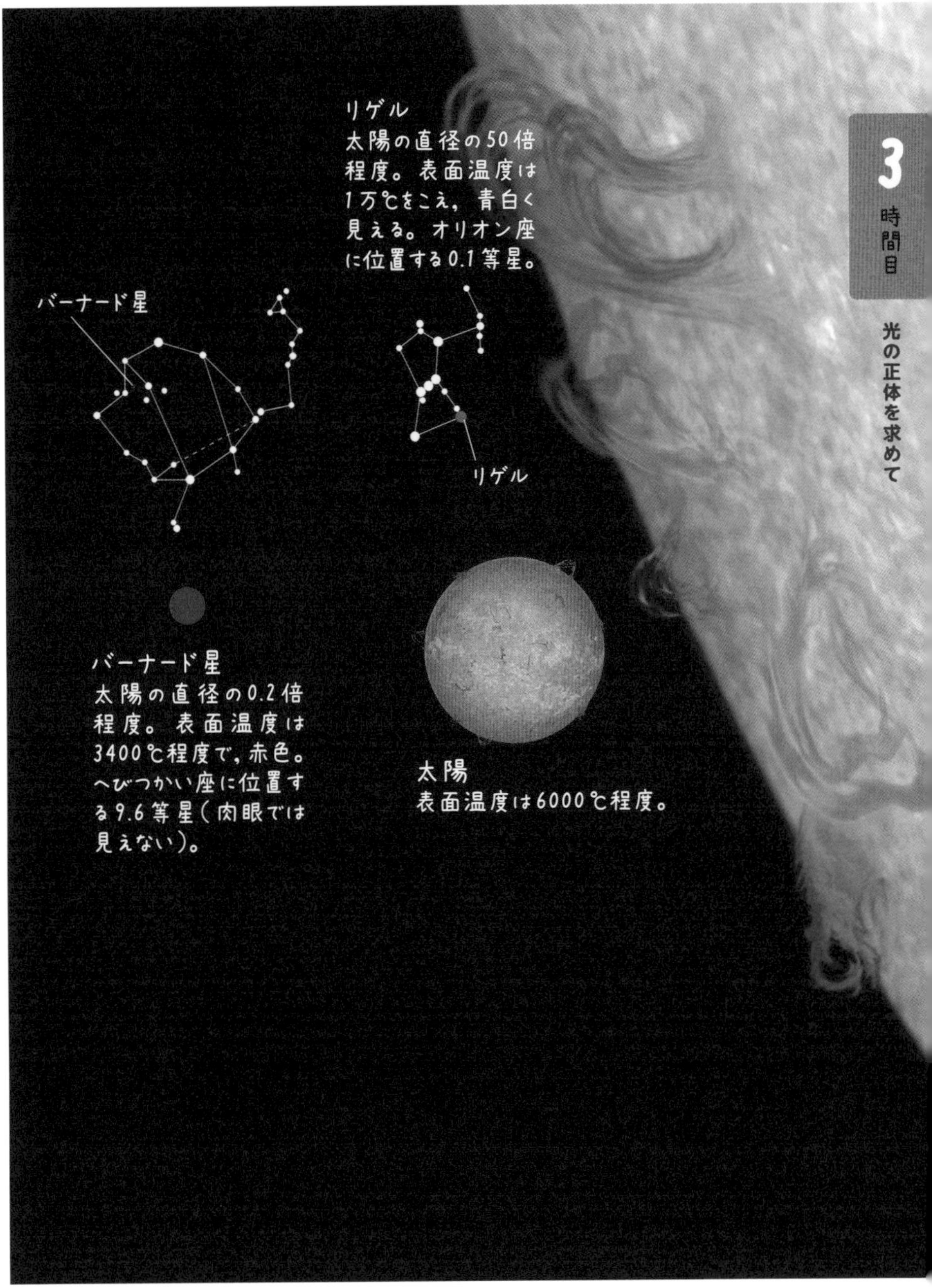
リゲル
太陽の直径の50倍程度。表面温度は1万℃をこえ，青白く見える。オリオン座に位置する0.1等星。
バーナード星
リゲル
バーナード星
太陽の直径の0.2倍程度。表面温度は3400℃程度で，赤色。へびつかい座に位置する9.6等星（肉眼では見えない）。
太陽
表面温度は6000℃程度。

なお，グラフ上の熱放射が最も強くなる点での波長と温度（絶対温度）とは，反比例することが知られています。

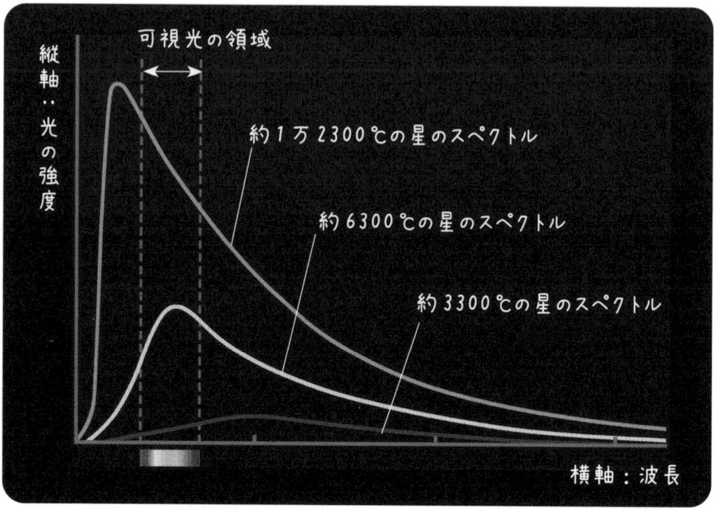

花火の光は，高温の原子から出る電磁波

電磁波が発生するしくみは，熱放射だけではありません。ここからは，熱放射とはちがったしくみで発生する電磁波について見ていきましょう。たとえば，夏の風物といえる花火は，色とりどりできれいですが，これは**炎色反応**という現象が利用されています。

炎色反応って，理科の授業で聞いたことがある気がします。何でしたっけ？

金属元素を炎に入れると，金属の種類によって特有の色で炎が輝きます。これが炎色反応です。たとえば，ナトリウムなら黄色，リチウムやストロンチウムなら赤，カリウムなら紫といったぐあいです。
炎色反応とは，高温の物質に含まれる原子が，その元素の種類に応じて，「ことなる波長の電磁波」を放出する現象といえます。

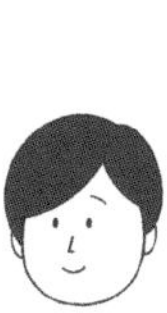

ということは，花火のカラフルな色はその金属元素の色ってことですか？

ええ，その通りです。
花火の赤色はストロンチウムの化合物，黄色はナトリウムの化合物などでつくられているのです。

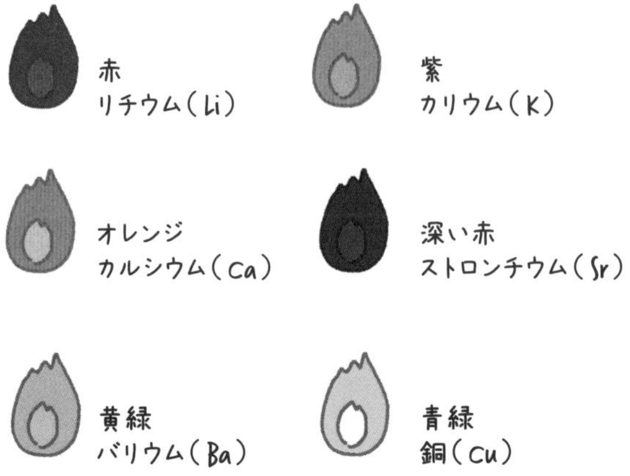

元素によって，放たれる光の色がちがうんですね。

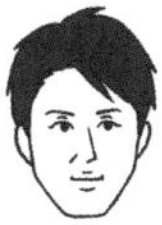

そうです。
似たような例はほかにもあります。
たとえば，水素のガスを少し入れた**放電管**に電圧をかけると，発光します。このとき放たれる光を，色(波長)ごとに分けると水素原子の**輝線スペクトル**が得られます。

水素の輝線スペクトル

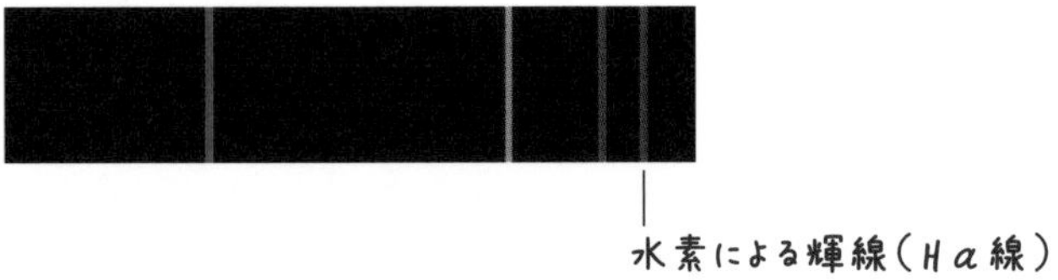

いくつかの線が見えますね。

ええ。
1時間目に説明したように，太陽の光を色ごとに分けると，スペクトルは連続的な帯になります。しかし，水素のスペクトルには，いくつかの色の線しか現れません。これらの線は，放電管の中の水素原子が発する特有の色の光なのです。

ほぉ。
元素は特有の波長の光を出す性質があるのですね。

そうです。
また逆に，原子は，その種類に応じた特有の波長の光を吸収することもあります。ある元素が吸収する光は，その元素にエネルギーをあたえたときに放出する光と基本的に同じです。

電子が飛び移って電磁波が発生

先生，原子はどうして，特有の波長の光を吸収したり放出したりするんでしょうか？

それは，やはり原子の中にある**電子**に関係しています。
原子の中の電子は，いくつかの軌道に分かれて存在しています。

このとき電子は，中央にある原子核からはなれた外側の軌道にあるものほど，大きなエネルギーをもっています。

ふむ。

実は，このような電子は，**別の軌道**に乗り移ることがあるんです。

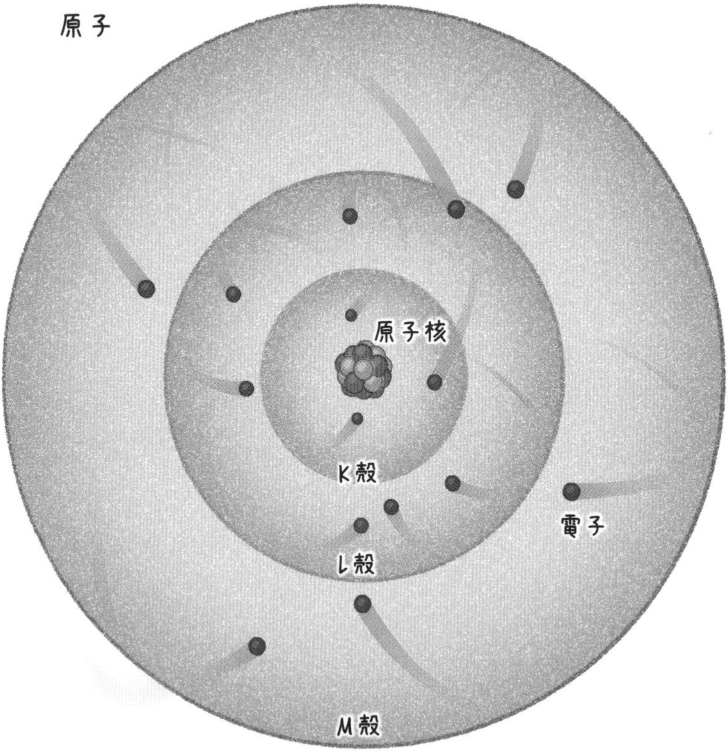

外側の軌道にいる電子が，より内側の軌道に乗り移ると，電子のエネルギーが減少することになります。すると，その減少分のエネルギーが放出されます。
このエネルギーの放出が，原子から放たれる電磁波（光）なのです。

へー，電子が軌道を飛び移るときに光が出るんですね。

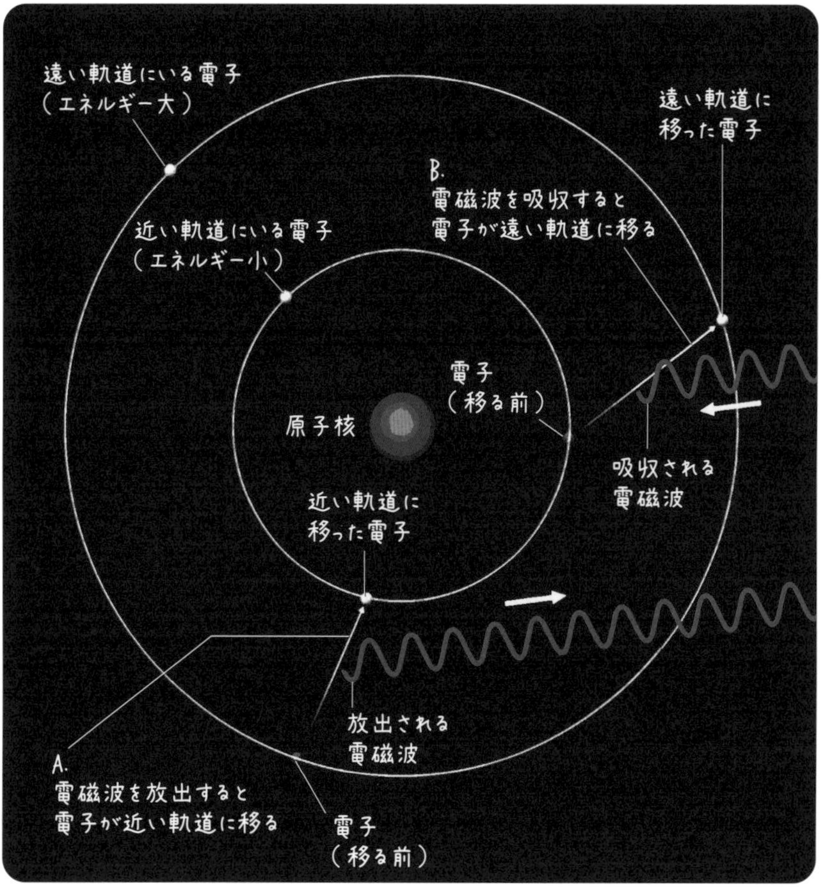

ええ，そうです。
また，逆に電子が電磁波を吸収すると，電子は電磁波のエネルギーを使って，内側の軌道から外側の軌道に乗り移ることもあります。
このとき，電子は，軌道のエネルギー差にちょうど等しい電磁波を吸収します。

外の軌道に飛び移るのに都合のよいエネルギーの電磁波だけを吸収するということですか？

はい，その通りです。
元素がことなると原子核の電荷の量もことなり，電子にはたらく電気的な引力の大きさなどもことなります。すると電子が軌道を乗り移るときのエネルギーの大きさも，変わります。
これはすなわち，元素の種類によって，放出・吸収される光のエネルギーが変わるということです。

そっか，だからさまざまな元素は特有の色の光を放出したり，吸収したりするわけですね。

はい，そうです。
光のエネルギーは波長（振動数）で決まるので，元素の種類に応じた波長の光を放出・吸収することになるのです。

太陽からのガスが電子とぶつかってオーロラができる

元素が特有の光を生みだすという現象の例は，先ほどあげた花火のほかに，**オーロラ**があります。

テレビや写真でしか見たことありませんけど，オーロラってきれいですよね〜。一生のうちに一度は，オーロラをこの目で見てみたいです！　オーロラはなぜ，あんなにきれいに輝いて見えるんでしょうか？

オーロラは，**太陽**と**地球の大気**がつくりだす光景です。太陽は，いつも太陽風とよばれるガスを宇宙空間に放出しています。この中には，電子や陽子（水素イオン）などの荷電粒子が含まれています。

太陽からはいろんな粒子がやってきていたんですね。

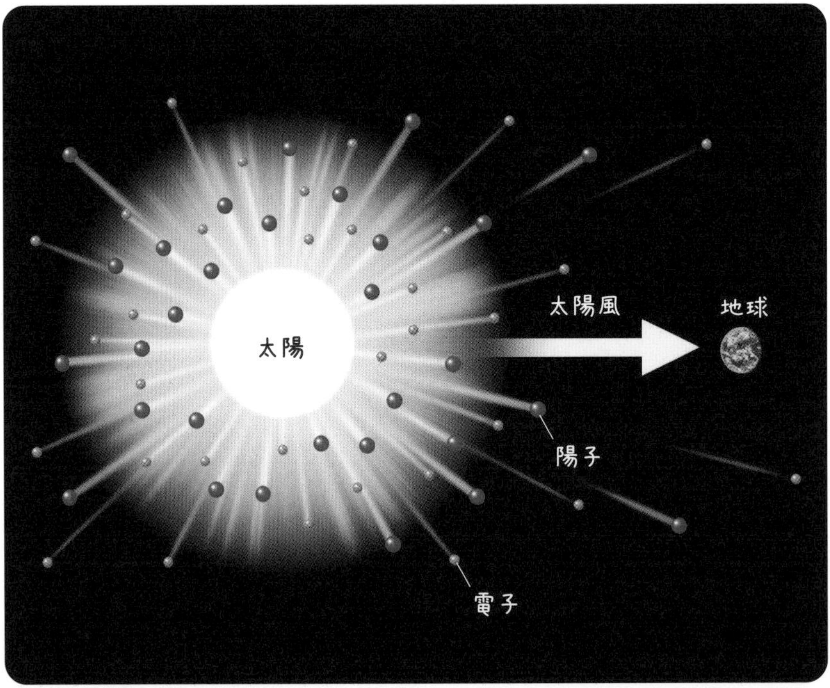

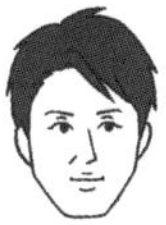

地球にやってきた太陽風の粒子は，地球の磁気の影響を受けて，極地方に運ばれ，そこで大気中の酸素や窒素などの原子や分子の電子と衝突します。
すると，大気の原子・分子に含まれていた電子が高いエネルギーの軌道に跳ね上げられます。原子や分子が興奮状態になるわけです。

興奮状態？

先ほどお話しした通り，電子がエネルギーをもらって，一時的に外の軌道に飛び移るんです。
でも，この電子はずっと外の軌道にいられるわけではありません。

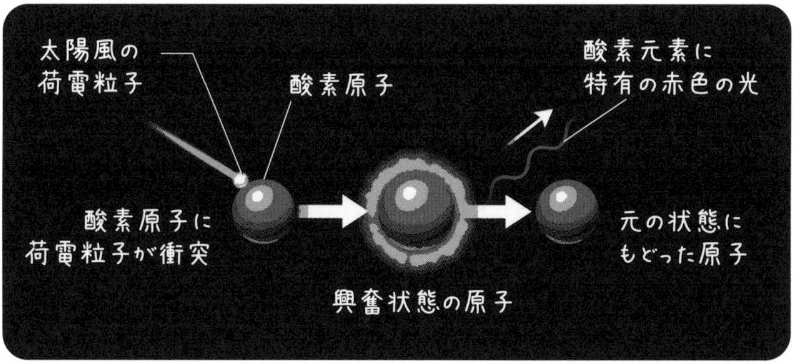

物がつねに下へ落ちるのと同じように，高いエネルギーの軌道にいる電子は，しばらくすると低いエネルギーの軌道に落ちてきて，興奮状態の原子・分子は元の状態にもどります。

電子が元の軌道にもどるとき，余分なエネルギーを光（電磁波）として放出します。これがオーロラの正体です。

なるほど！
でも赤いオーロラとか，緑のオーロラとかありますよ？
色はどうしてちがうんですか？

それはやはり，元素によります。
オーロラの発生源となる原子や分子の種類によって，赤や緑などの特有の色にかがやくわけです。

蛍光灯は紫外線を可視光に変換している

私たちの身のまわりでは，**蛍光灯**もオーロラと似たような原理で可視光を発します。

へー，蛍光灯はいったいどうやって輝いているんでしょうか？

蛍光灯の内部はほぼ真空ですが，わずかに**水銀の原子**が存在しています。
蛍光灯の両端の電極に電圧をかけると，電極から高速の**電子**が飛びだします。するとこの電子は，ガラス管の中に入れられた水銀の原子と衝突します。

あ，衝突というのはオーロラと同じですね。

そうです。
電子と衝突した水銀の原子は，オーロラのときと同じように，やはり**興奮状態**になります。
そして，興奮状態から元の状態にもどるときに，水銀原子から**紫外線**が放出されるというわけです。

紫外線？
紫外線って目には見えないんじゃないんですか？
蛍光灯は，白く光りますよ！

もちろん，紫外線が放出されただけでは，蛍光灯はその役割を果たせません。蛍光灯の内側には**蛍光塗料**がぬられていて，これが紫外線を吸収します。
すると今度は，蛍光塗料の中の分子が紫外線を吸収して，そのエネルギーによって**興奮状態**になります。そして電子がエネルギーの高い軌道に移ります。

おおっ！
またしても興奮状態！

この興奮状態から元の状態にもどるときに，蛍光塗料が**可視光線**を放つのです。
なお，興奮状態になった蛍光塗料の電子のエネルギーの一部は熱として放出されます。そのため，蛍光塗料が獲得した紫外線のエネルギーよりも，小さなエネルギーの光，すなわち可視光が放たれるのです。

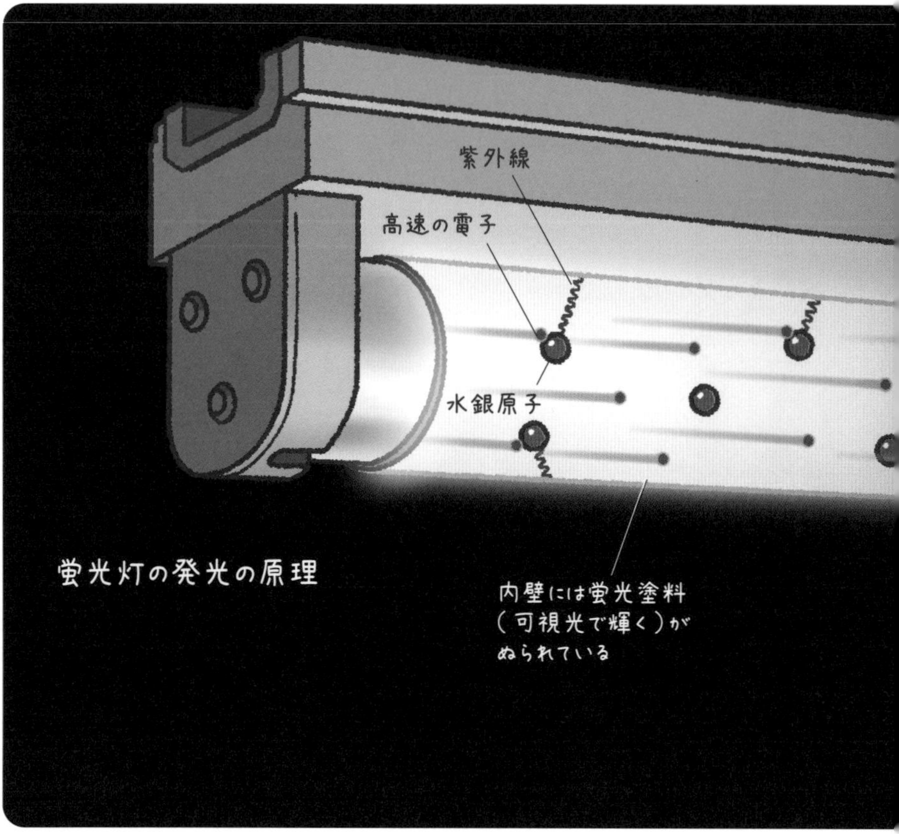

蛍光灯の発光の原理

蛍光灯の中では，興奮状態の連鎖がおきていたんですね。

そうですね。
蛍光灯の中の蛍光塗料のように，吸収した電磁波（この例では紫外線）より，エネルギーの低い電磁波（この例では可視光）を放出する現象を**蛍光**とよびます。

あっ，もしかして昆虫の**ホタル**も，蛍光で光っているんですか？

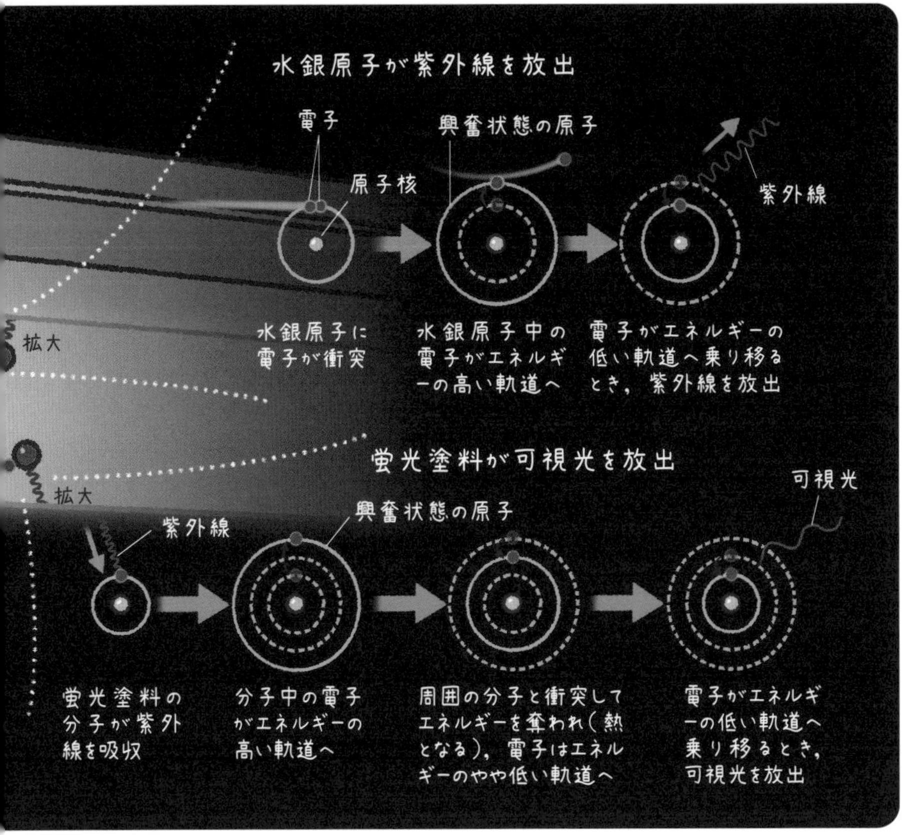

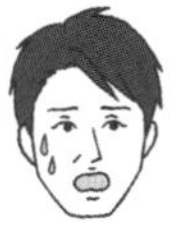

いいえ。
まぎらわしいですが，ホタルの発光は蛍光ではありません。ホタルは体内に**ルシフェリン**という物質をもっていて，これが酸素と反応して光が発せられるのです。
つまりルシフェリンと酸素という化学物質の反応で発生したエネルギーが，光として放出されるわけで，このような発光は**化学発光**とよばれます。
外からのエネルギーを得て興奮して，興奮から覚めるときに光を放つ蛍光とはしくみが少しちがうわけです。

なるほど。

なお，化学反応の際には，分子中の電子の軌道が変化しますから，ここでも「電子が動くと，電磁波が放出される」という原則は守られています。

電磁波には振動の方向がある

さて，次は電磁波でおきる偏光という不思議な現象を見ていきましょう。

へんこう？

次のイラストを見てください。
これは，電磁波を模式的にあらわしたものです。
イラストでは，電場はX方向だけに，磁場はY方向だけに振動しています。このように一つの方向にしか振動していない光を**偏光**といいます（以後，「振動方向」という場合，電場の振動方向を指すことにします）。

一つの方向にしか振動しない光が偏光なんですね。
太陽の光とか蛍光灯の光も偏光なんですか？

いいえ，太陽や蛍光灯の光などの通常の光は，さまざまな振動方向の光が均等に混ざっています。

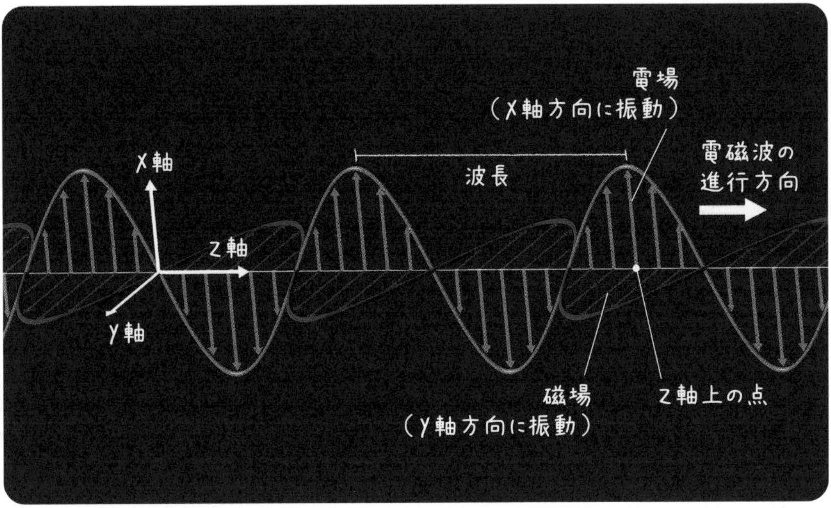

でも，そのような光も「偏光板」という特殊な板を通すと，特定の振動方向の光だけが透過して，偏光になります。

偏光板？

偏光板とは，透過させる光の振動方向が決まっている板です。なお，透過させる光の振動方向が直交する2枚の偏光板を使うと，すべての光が遮断されます。

そういえば，この前釣り具屋さんに**偏光サングラス**が売っていました。なんだか，水中にいる魚がよく見えるようになるみたいです。
偏光サングラスは，偏光に関係ありますよね？
なぜ水中が見やすくなるんですか？

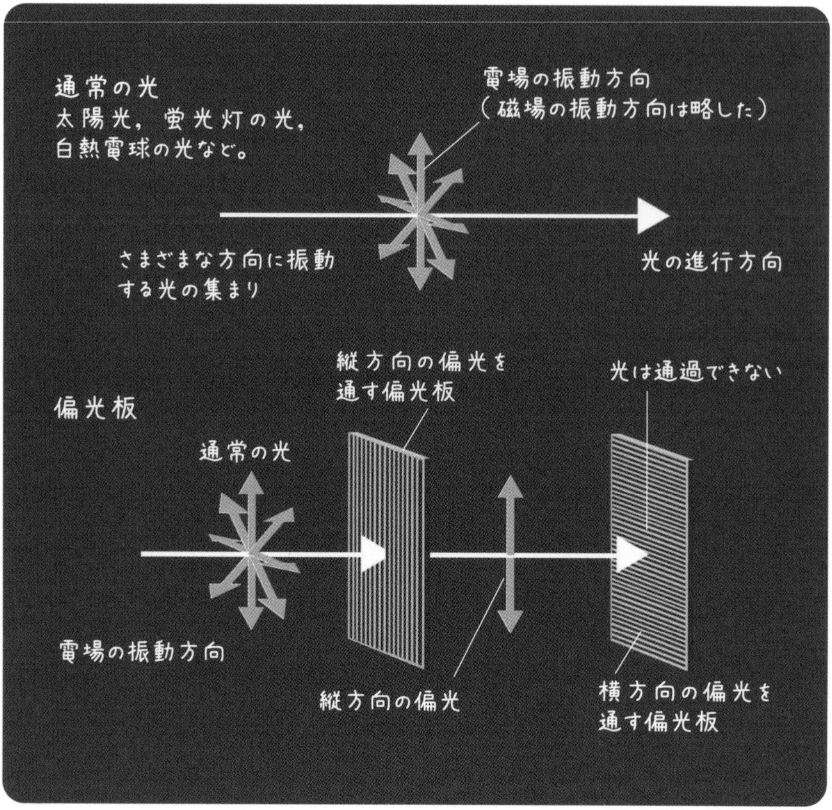

実は光が金属以外の物体の表面で反射すると，反射光は反射面に対して平行な方向に振動する偏光がほとんどになるんです。釣りやスキーなどに使われる**偏光サングラス**は，偏光板を使って，効果的にこの反射光だけをカットするのです。

なるほど！

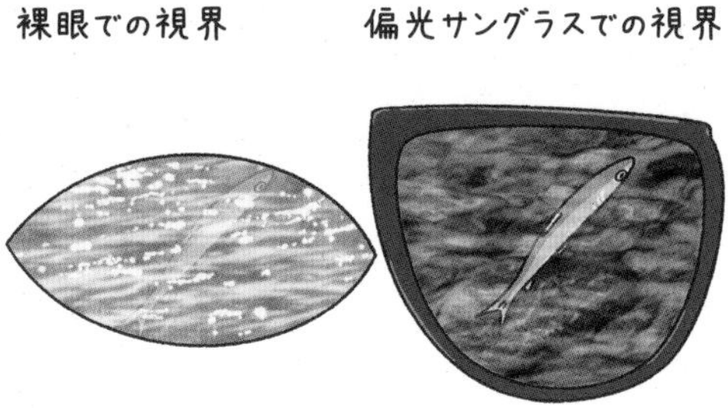

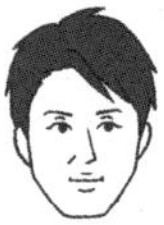

偏光サングラスは横方向に振動する光を遮断する偏光板を使っているので，横方向に振動する水面や雪面からの反射光は目に届きません。
一方，縦方向の偏光は通すので，そのほかの景色からの光は目に届きます。そのため偏光サングラスをかければ，水面の反射光が遮断されて，水面下の魚がよく見えるようになります。

へー，今度，釣りに行くときに偏光サングラスを使ってみます！

反射光と偏光サングラス

反射光は横方向（水面に平行な方向）の偏光がほとんど

通常の光（水面への入射光）
→ 縦方向の偏光も横方向の偏光も含む

注：必ずしも反射光のすべてが横方向の偏光になるわけではありません。入射角によって，反射光における横方向の偏光が占める割合は，変化します。

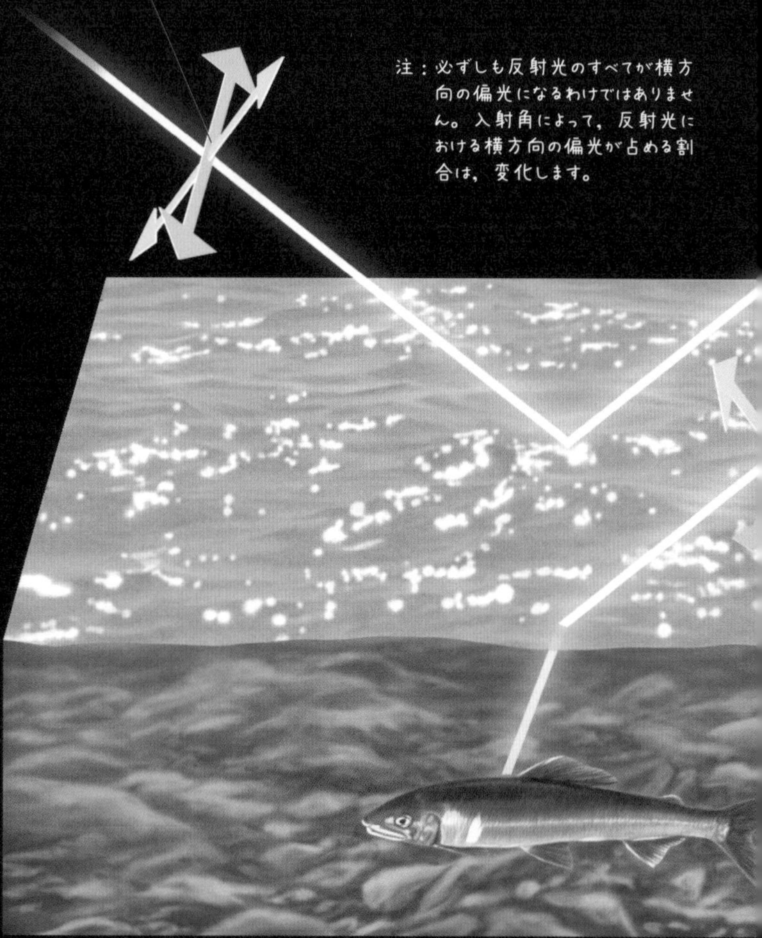

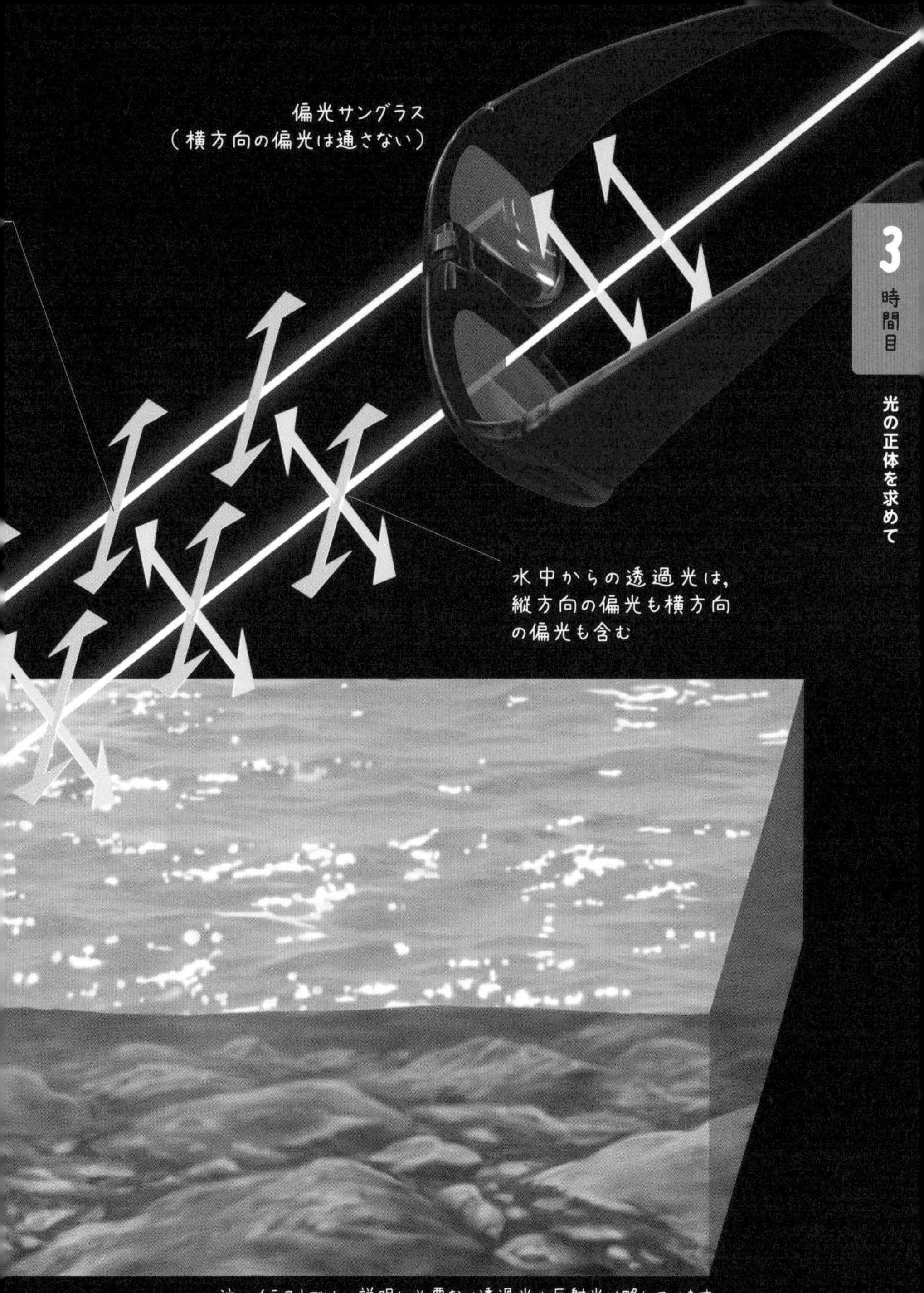

注：イラストでは，説明に必要ない透過光や反射光は略しています。

光は，粒子の性質をもっている

さて，今までは「光の正体が波」としてご説明してきましたが，光を単純な波と考えると説明がつかない現象もあります。

えっ，光は電磁波っていう波じゃないんですか!?

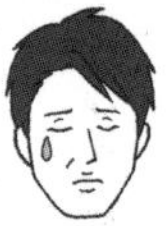

実は，光を単純な波だと考えると，光電効果という現象のしくみをうまく説明できないんです。

光電効果？
どんな現象なんでしょうか？

光電効果とは，金属に光（電磁波）を照射すると，光のエネルギーを受け取った電子が金属から飛びだしてくる現象です。

ほぉ。光を当てると電子が飛びだしてくるんですか。

そうなんです。光のエネルギーによって，電子が金属からはじきだされるんです。
ただし，光電効果で飛びだす電子は，当てる光の色（波長）に影響を受けます。
たとえば，波長の長い光をいくら明るく（強く）しても電子は飛びださないのに，波長の短い光ならごく弱い光でも電子が飛びだします。

明るい光はエネルギーをたくさんもっていそうなのに，なぜ波長が長いと明るい光でも電子ははじきだされないんでしょうか？

そう，そこが鍵なんです。
「光が明るい」ということは，電磁波としての振幅が大きいことを意味します。ですから，金属中の電子を大きく動かすはずです。
逆に「光が弱い」ということは，振幅が小さく，電子はあまり動かされないはずです。
しかし，光電効果では，波長が短ければ弱い光でも電子が大きく動かされ，金属中から飛びだしてくるのです。
これは，光を単純な波として考えると説明がつきません。

光が単純な波ではないなら，光とは何なんです？
ここにきて，大きな前提が崩れちゃいましたよ！

この難問に答えを出したのがアルバート・アインシュタイン（1879～1955）です。

アインシュタイン？
あの天才物理学者の？

そうです。
アインシュタインは，電磁波は単なる波ではなく，粒子のような性質ももっていると考えたのです！

粒子!?

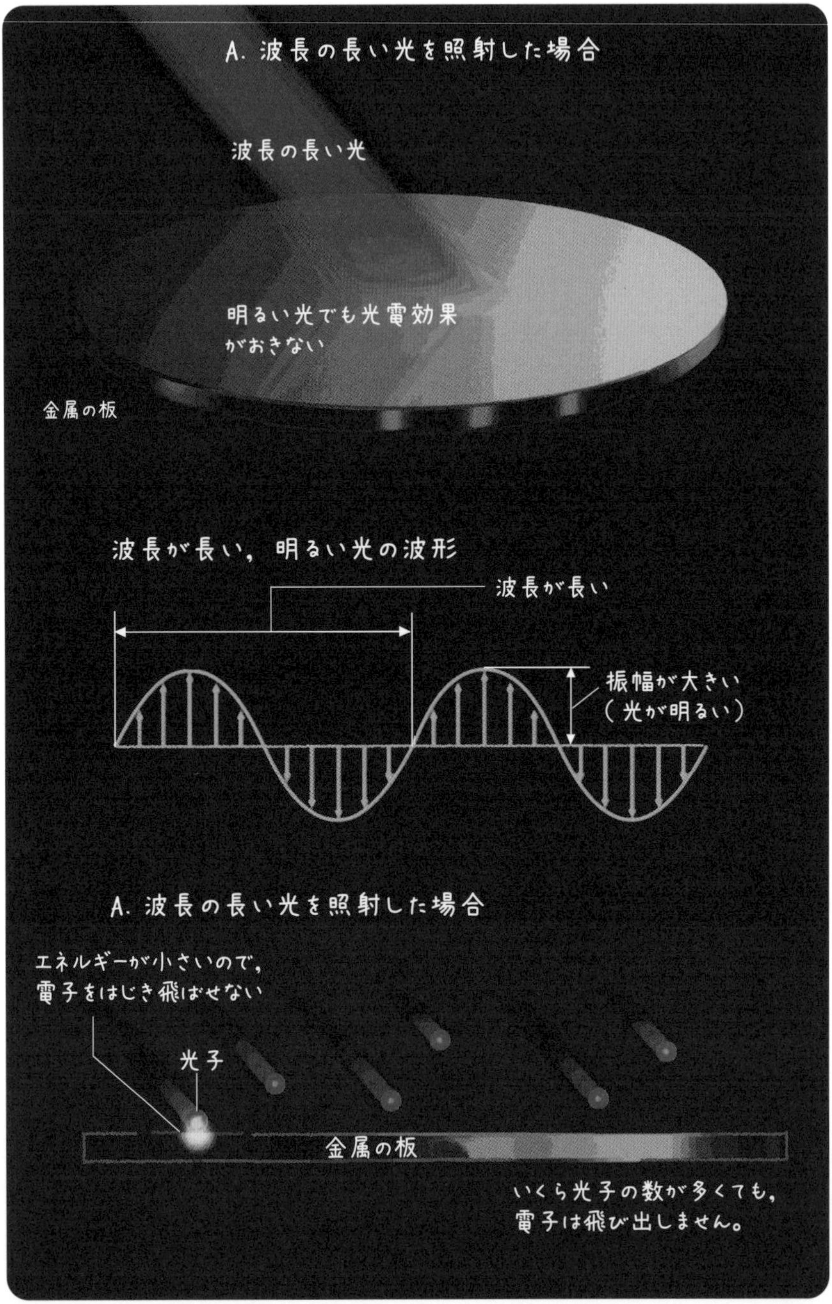
A. 波長の長い光を照射した場合
波長の長い光
明るい光でも光電効果
がおきない
金属の板
波長が長い，明るい光の波形
波長が長い
振幅が大きい
（光が明るい）
A. 波長の長い光を照射した場合
エネルギーが小さいので，
電子をはじき飛ばせない
光子
金属の板
いくら光子の数が多くても，
電子は飛び出しません。

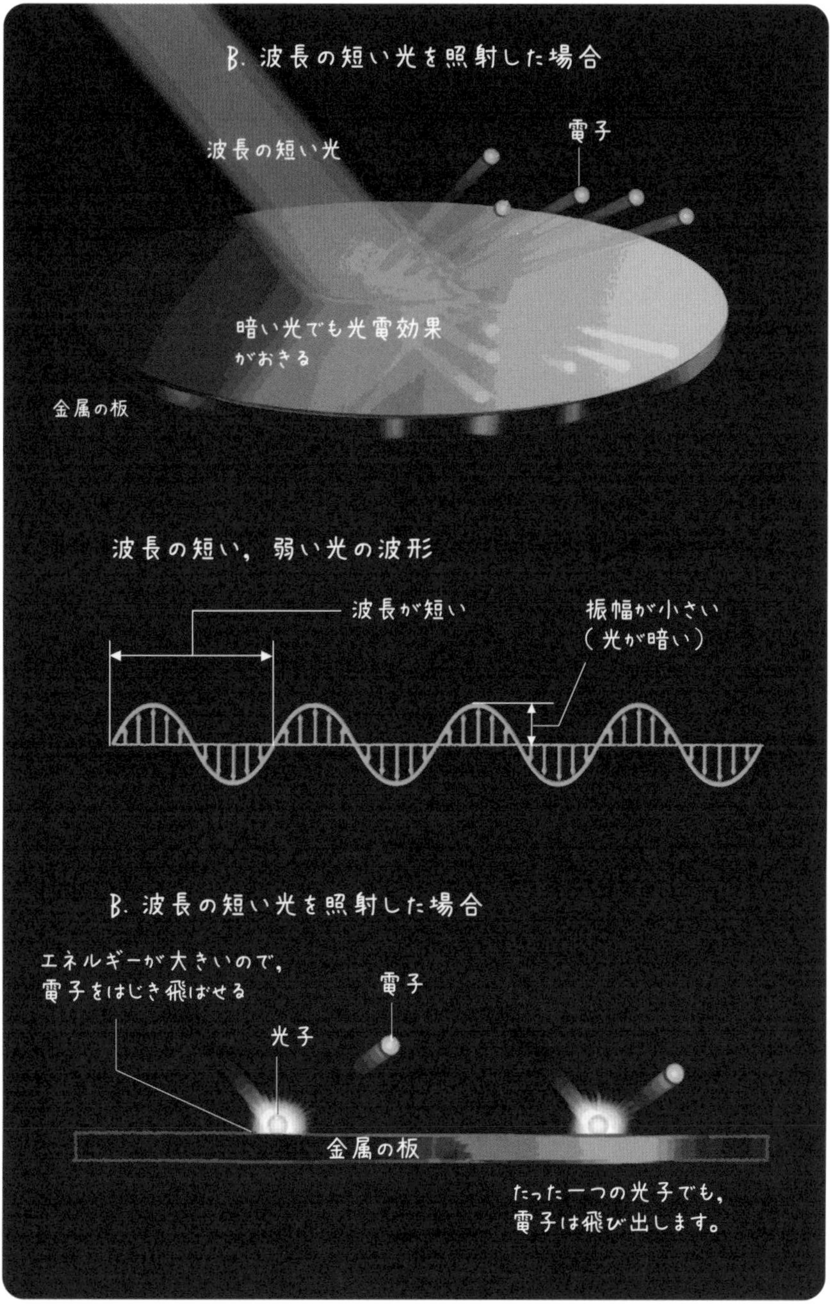
B. 波長の短い光を照射した場合
電子
波長の短い光
暗い光でも光電効果
がおきる
金属の板
波長の短い，弱い光の波形
波長が短い
振幅が小さい
（光が暗い）
B. 波長の短い光を照射した場合
エネルギーが大きいので，
電子をはじき飛ばせる
電子
光子
金属の板
たった一つの光子でも，
電子は飛び出します。

電磁波には，それ以上分けることのできない「エネルギーの最小単位」があり，まるで粒子のようにふるまうのです。この光の粒子を**光子（または光量子）**とよびます。

えっ!?　光って粒子だったんですか!?

光が粒子としての性質もっていると考えると，光電効果をうまく説明できるんです。
波長が短い（＝振動数が高い）電磁波の光子は，振動数が高いので，電子をすばやくゆり動かすことができます。つまり，波長の短い電磁波は，一つ一つの光子がもつエネルギーが大きいことになります。

明るいほど，エネルギーが大きいわけではないんですか？

光子で考える場合，光が明るいというのは，**光子の数**が多いことを意味します。

ふむ。

一つの電子とぶつかるのは，通常，光子一つです。
そのため波長の長い光は，どんなに光子の数を多くしても（明るくしても），光子一つがもつエネルギーが小さいので，電子を金属中から飛びださせることはできません。
一方，波長の短い光の光子は，一つ一つがもつエネルギーが大きいので，電子をはじき飛ばせるのです。
アインシュタインの考えは当時は反対意見も多かったものの，以後，光が粒子としての性質をもたないと説明できない現象がたくさん見つかりました。

波としての光のイメージ

粒子としての光のイメージ

ちょ，ちょっと待ってください。
ということは，光は波であるとともに，粒子でもあるってことですか!?
結局，光って何なんですか？

波の性質をもちながら，それでいて一つ二つと数えられる粒子としての性質をもつものといえるでしょう。

4

時間目

常識をくつがえした光速度不変の原理

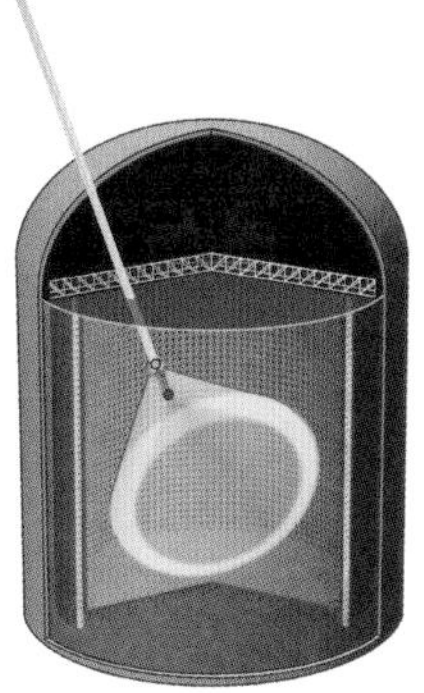

STEP 1

光の速さは，常に変わらない

音波などの一般的な波には，水や空気のように，周囲に波を伝えていく媒質が必要です。はたして光の媒質は何なのでしょうか。光の探求がやがて常識をくつがえす大発見へとつながります。

宇宙を満たすエーテルとは？

3時間目では，光は電磁波という波であることをお話ししました。
光の正体が19世紀にあばかれてからも，光には大きな謎が残っていました。それは，**光は何を伝って進むのか？**という疑問です。

どういうことですか？

身のまわりの波の場合，たとえば音波は空気を伝い，海の波は水を伝っていきます。**このように，一般的な波には空気や水のように，それを伝える役割をする物質(媒質)が必要です。**

ということは光にも何か，波を伝える物質が必要ってことでしょうか!?

ええ，そのような疑問がわいてきますよね。
19世紀の科学者たちも，光が波であるなら，光の波を伝える役割をする物質がなければならないと考えました。
光の波を伝える物質は**エーテル**とよばれました。

えーてる？
そんなもの，いったいどこにあるんですか？

いたるところにあると考えられました。
たとえば，遠くの星の光は宇宙空間を通って地球に届きますよね。そのためには，宇宙空間にエーテルが充満している必要があります。
また空気中や水中でも光は進むので，空気中や水中にもエーテルは充満している必要があります。

なるほど～。

ただし，エーテルの存在には，理論的におかしな部分もありました。マクスウェルの理論によれば，光は**横波**です。

横波？

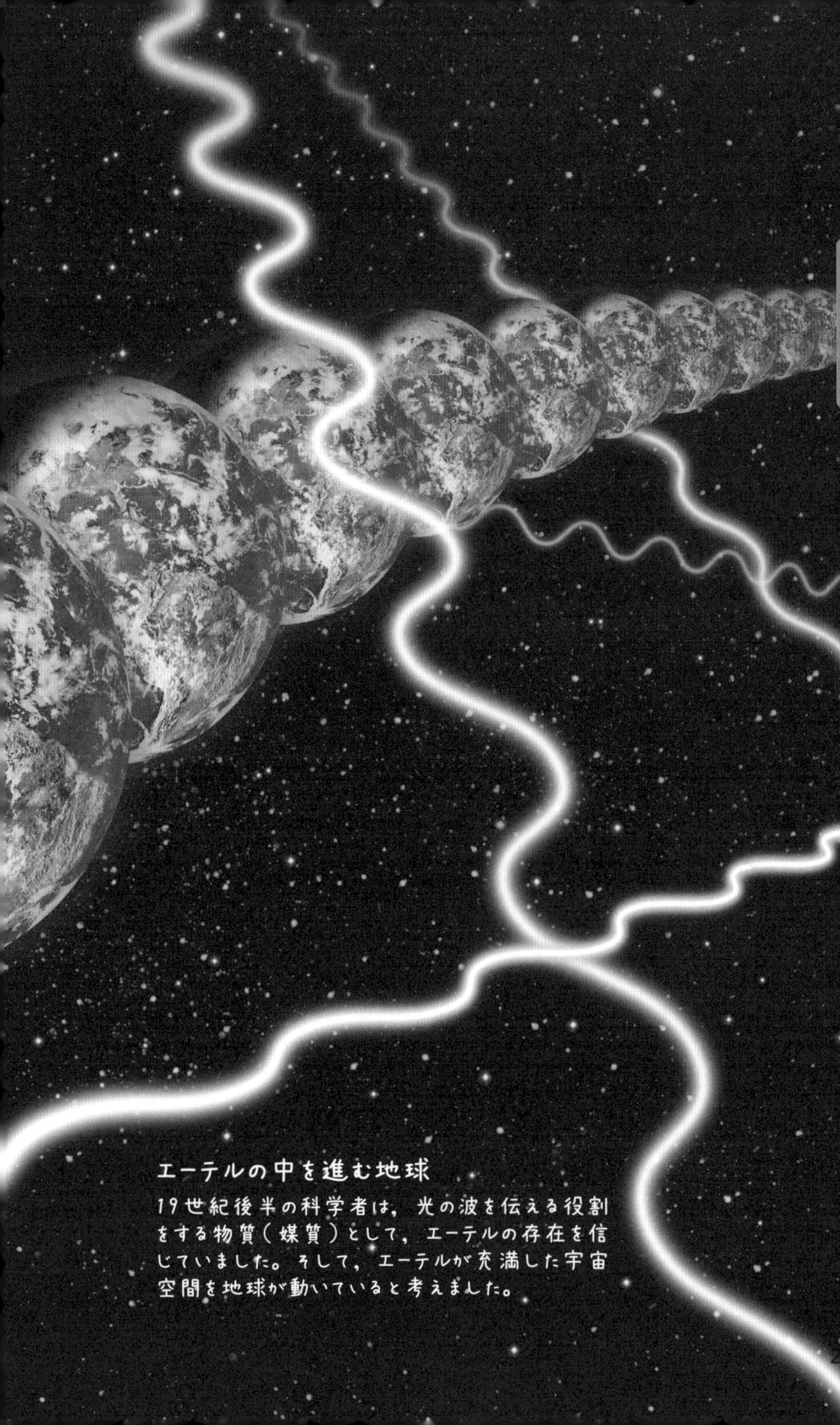

エーテルの中を進む地球

19世紀後半の科学者は，光の波を伝える役割をする物質（媒質）として，エーテルの存在を信じていました。そして，エーテルが充満した宇宙空間を地球が動いていると考えました。

横波とは，波の進行方向に対して，波を伝える物質が垂直に振動する波のことです。

横波

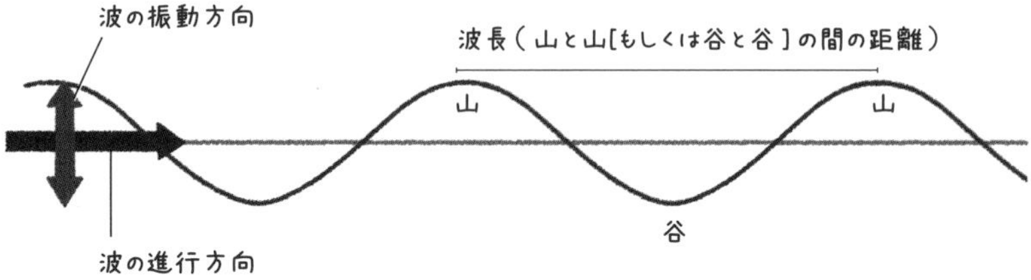

縦波

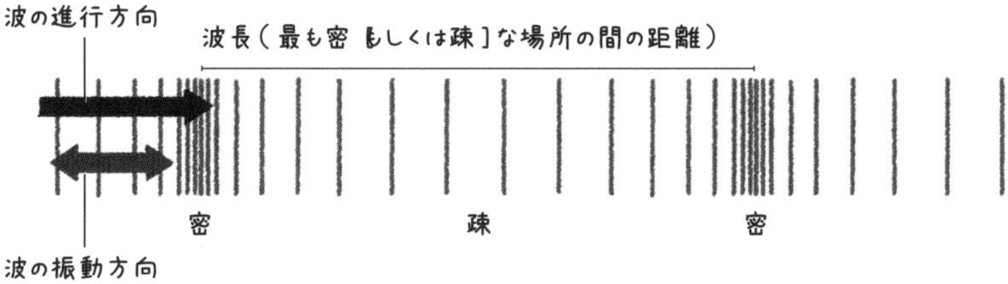

しかし横波は，固体のような固い物質の中しか伝わらず，液体や気体を通過できないのです。
しかも，横波の伝わる速さは，その固体が固いほど速くなる性質があります。
光はとてつもなく速いわけですから，エーテルも固いものになってしまうはずです。
でも，そのような固いものが空間に充満しているのに，私たちが何も感じないのはおかしいですよね。

たしかに，そうですね。
固いものが空間に満ちているなんて，ちょっと信じられません。

ところが当時の科学者たちは，光を伝えるエーテルはあるはずだと考えていました。
そして，エーテルの実在を証明する実験に取り組むようになったんです。

エーテルの存在なんて，どうすればわかるんでしょうか？

たとえば，自転車に乗ることを考えましょう。
風がまったくないときでも，自転車で走ると進行方向の逆向きに風を感じますよね？
これは，まわりを満たしている空気の中を自転車に乗って動いているからです。

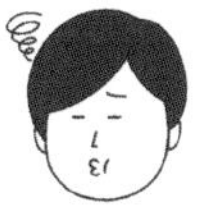

いや，自転車とエーテルに何の関係が？

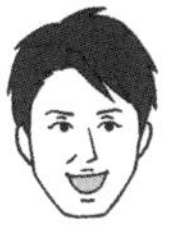

もしエーテルがあるとすれば，地球も自転車と同じなんです。
地球は宇宙に充満するエーテルの中を動いているわけですから，地球も同じように進行方向の逆向きに**エーテルの風**を受けるはずです。

なるほど。たしかに

また，空気を伝って進む音波の速さは，風向き（追い風か，向い風か）によって変化します。同様にエーテルを伝わって進む光の速さも，エーテルの風の向きによって変化するはず，と考えられたのです。
このような考えにもとづいて，エーテルの存在を確かめる実験が行われました。

どんな実験だったんですか!?

アメリカの物理学者**アルバート・マイケルソン**（1852～1931）と**エドワード・モーリー**（1838～1923）によって行われた実験です。
ここではまず，マイケルソンとモーリーが行ったエーテル検出実験の原理を，海の上のボートレースを例に説明しましょう。

ボートレース！

次のイラストを見てください。
ゲートから別々の方向に飛びだした，まったく同じ性能をもつ2隻のボートAとBが，折り返し地点AとBでそれぞれターンし，ゲートにもどるまでを競います。
2隻のボートがたどる経路の総距離はどちらも同じです。

イラストを見ると，**進む方向**がちがうんですね。

そうです。
そして，折り返し地点Aからゲートに向かう方向に**潮の流れ**があります。このため，ボートAは折り返し地点Aまでの「行き」では速さが遅くなり，「帰り」では速くなります。

Bのボートは，海の流れの影響を受けないわけですか？

いえいえ，ボートBは横から潮の流れを受けるので，速さは行きも帰りもやや遅くなります。潮の流れの中でまっすぐ進まないといけないので，見かけ上の距離がのびると考えるとわかりやすいでしょう。**このようにして，ボートAとBは受ける潮の流れの影響がことなるので，ゲートへの到着時間にずれが出るのです。**

ボートAの速さ

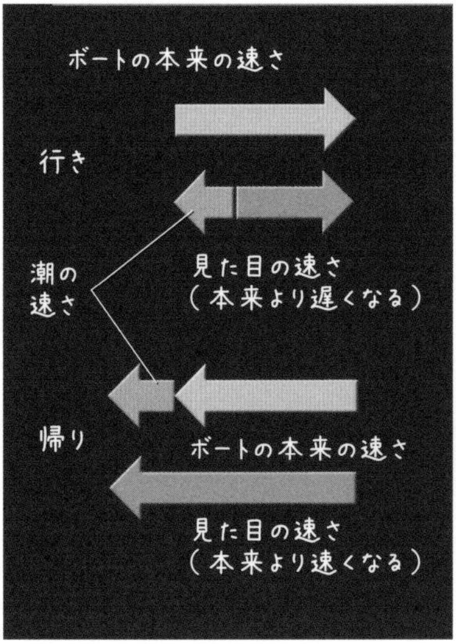

ボートBの速さ

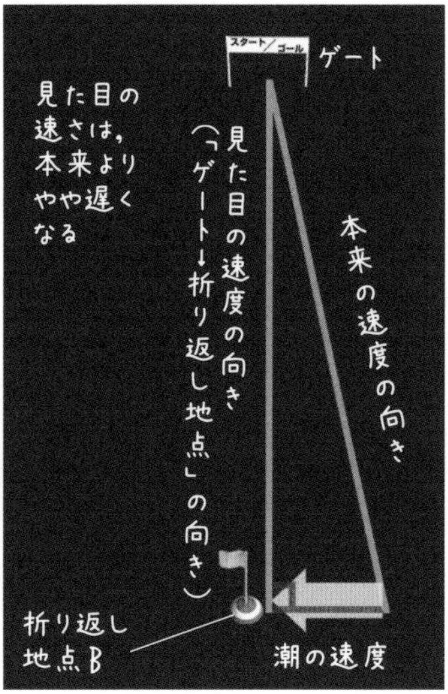

ふむふむ。
でも，このボートレースが，どうエーテルの実験に関係しているのでしょうか？

先ほど，地球がエーテルの中を運動しているとすると，地球はエーテルの風を受けるはずだ，と説明しました。このボートレースの話は「エーテルの風」を「潮の流れ」，「光」を「ボート」に置きかえたたとえ話なんです。

ほぉ。

もし地球がエーテルの中を動いているなら，地球上での光の速さは，地球が動く速さの分（＝エーテルの風の分）だけ速くなったり遅くなったりするはずです。
つまり，ほんとうにエーテルがあるなら，この「2隻のボートレース」と同じような**二方向に進む光の競争**を行えば，二つの経路を通る光の到着時間にずれが生じることになるはずです。

エーテルは見つからなかった

エーテルを検出しようとするマイケルソンとモーリーの歴史的な実験は，1887年に行われました。この実験は，現在二人の名前をとって**マイケルソン・モーリーの実験**とよばれています。

実際にはどうやって実験を行ったのでしょうか？

先ほどのボートレースの話のように，ことなる経路を進む二つの光を競争させました。

もしほんとうにエーテルが存在するなら，ボートレースの到着時間にずれが生じるように，エーテルの風を受けて光の到着時間にもずれが生じるはずです。

なるほど！
しくみは，結構シンプルですね。

そうでしょう。
彼らは次のような装置を使いました。

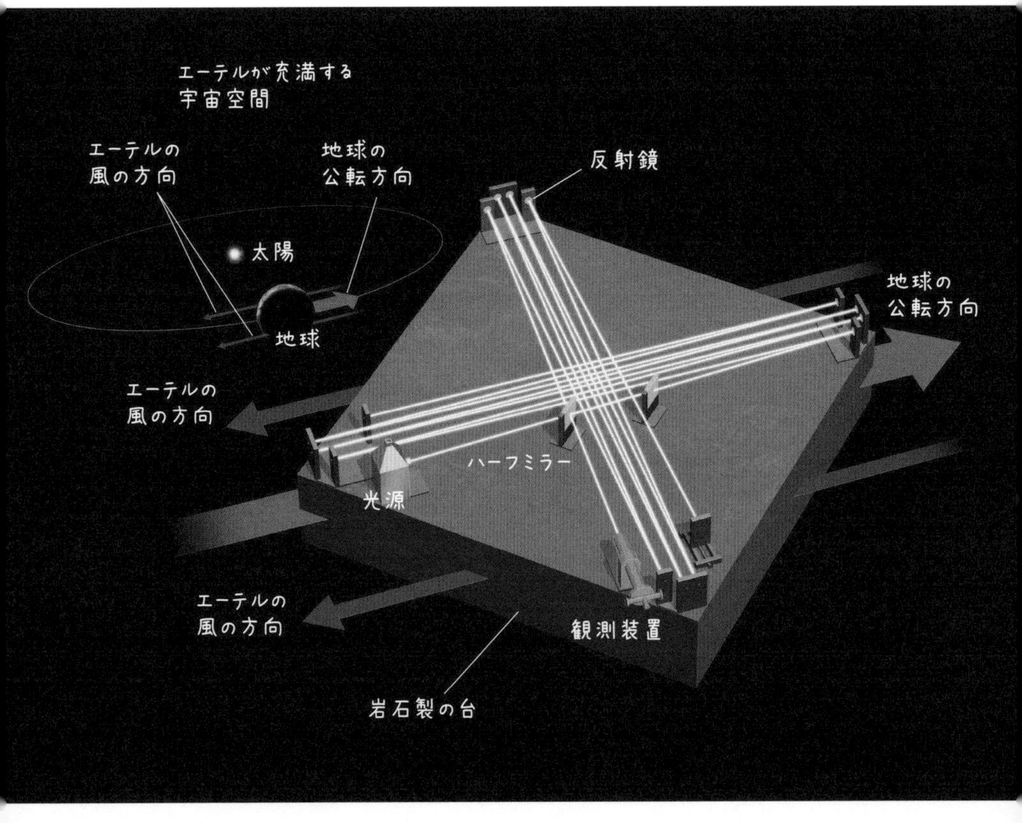

宇宙空間がエーテルで満たされているのなら，地球の進行方向の逆向きに，エーテルの風が観測されるはずです。マイケルソンとモーリーの実験装置では，1.5メートル四方の岩石製の台の上に，光源や反射鏡，観測装置が置かれていました。
光源を出た光は，進行方向がことなる二つの経路AとBに分けられ，最終的に合流して観測装置に届きます。二つの経路AとBの光が進む距離（光路）は同じです。

ボートレースの例えでも，2隻の進む方向はちがいましたけど，距離は同じでしたね。

経路A，Bともに，光は**15回の反射**をくりかえし，光源から観測装置まで**約22メートル**の距離を進みます。そして最後は合流して観測装置に届きます。

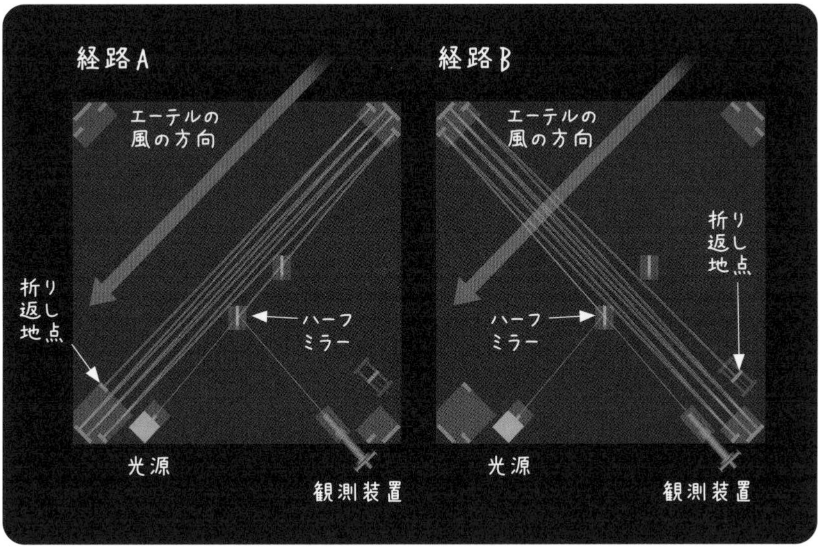

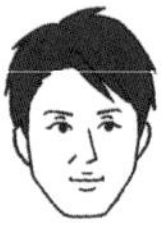

もしエーテルの風が図の右上から左下に向かって吹いていて，光の速さに影響をおよぼすのであれば，経路Aのほうが，経路Bよりも観測装置に到着するまで時間がかかると予想されました。

それで，実験の結果はどうだったんでしょう？
エーテルは見つかったんですか？

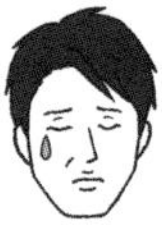

いいえ，彼らはエーテルを検出することができませんでした。
二つのことなる経路を進む光は，いつも**同着**で，到着時間のずれは確認できなかったのです。

うぅーむ。
彼らの実験装置では不十分だったんでしょうか？

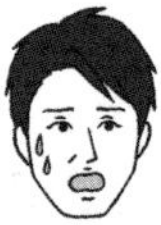

いいえ，彼らの考案した実験装置は，もしエーテルが存在すれば，必ず検出できるだろうと思われるほどの精度をもっていました。

うぅむ。

この検出の“失敗”は，エーテルが存在することは常識だと思っていた当時の科学者たちを，非常に困惑させることとなりました。

光を高速で追いかけたら？ アインシュタインの疑問

エーテルが存在するのかどうか，この議論に結論をあたえたのが，天才物理学者の**アルバート・アインシュタイン**です。

アルバート・アインシュタイン
(1879～1955)

ここからはしばらくアインシュタインの光の探求についてお話ししましょう。
アインシュタインは光についての疑問から，この世界の常識をひっくりかえす大発見をするのです！

おー，どんな発見なんだろう。

マイケルソン・モーリーの実験から８年後の1895年。
当時スイスにいた，16歳のアインシュタイン少年は，光に関して次のような疑問をもちました。
「光を，光と同じ速さで追いかけたら，どのように見えるのだろうか？」

光と同じ速さで，光を追いかける？
それの何が疑問なんですか？

たとえば時速100キロメートルで走る車を，同じく時速100キロメートルで走る車で横に並ならんで見たとします。すると，その車は自分の車に対して“止まって”見えます。
（時速100キロ）－（時速100キロ）＝（時速0キロ）という計算です。

あっ！　さっきの疑問も同じですね！
光も同じ速さで追いかければ光は止まって見えるわけですね！

たしかに，単純な速さの引き算を，光にもあてはめれば，当然ながら光も“止まって”見えるはずです。
ところがアインシュタインには，光が“止まって”見えるという考えは，簡単には受け入れられませんでした。

どうしてですか？

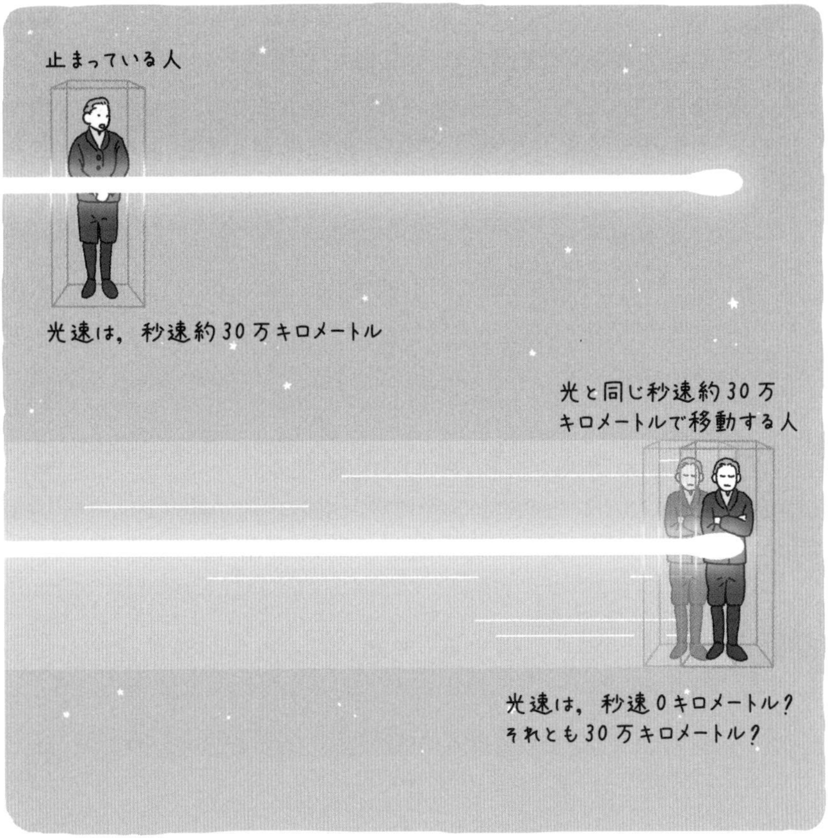

というのも，**マクスウェルの電磁気学の理論**では，真空中の光の速さはつねに**一定の値（定数）**としてみちびきだされるからです。
つまり，どんな条件にもよらず，光速はつねに秒速約30万キロメートルだと電磁気学の理論はいっているのです。

それは，観測者が超高速で動いても光の速度が変わらないってことですか？

そうです。アインシュタイン少年が抱いた疑問は，観測する人が動けば速さは引き算できるという「常識」と，光速はつねに秒速約30万キロメートルだと主張する「電磁気学の結論」との間にある矛盾に行きあたったのです。
そしてアインシュタインは，この矛盾を解消しようと考察を重ねます。
そしてこの疑問に対する答えが，エーテルは存在するはずだが検出できないという問題を解決することになったのです。

物の速度は，見る人による相対的なもの

ここで，速さに関する「常識」を，あらためて確認しておきましょう。
まず**速さ**と**速度**という言葉は，物理学では厳密に区別して使います。

ええっ？　同じじゃないんですか!?

速度は運動の向きも含めたもので，矢印（ベクトル）であらわします。一方，**速さ**は，速度の大きさのみをあらわします。
たとえば，「南西の方向に時速100キロメートル」といえばそれは**速度**を意味し，「時速100キロメートル」とだけいえばそれは**速さ**を意味します。

そんな使い分けがあったなんて，知りませんでした。
速度は，方向の意味も含めているんですね。

そういうことです。
さて，本題です。
先ほどもお話しした通り，同じ物体の運動でも，その速度は見る人（観測者）によってことなります。
たとえば，時速100キロで右に進む電車の中で，「電車の中の人」から見て右に時速100キロでボールを投げると，「電車の外で静止している人」からはどう見えるでしょうか？

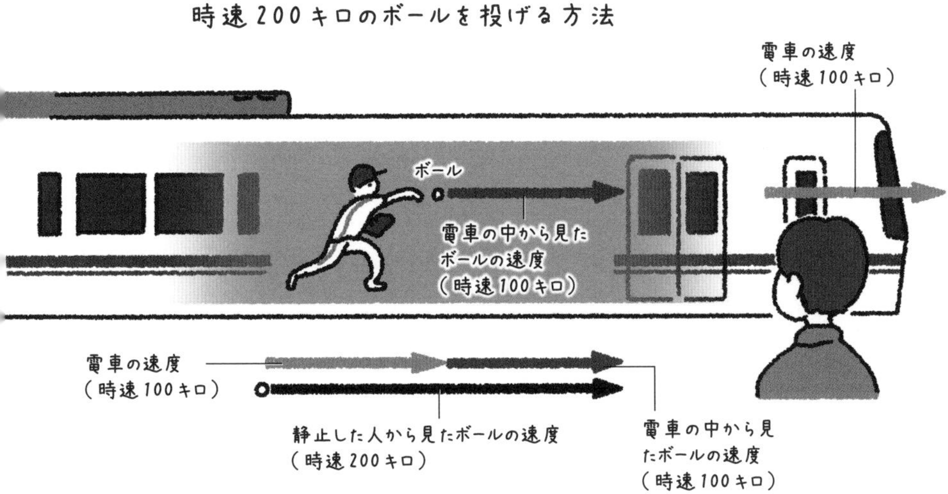

えっ!?
めっちゃ速く見えるんでしょうか？

はい，その通りです。
ボールの時速100キロの右向き矢印と，電車の時速100キロの右向き矢印の足し算となります。つまり，外で「静止している人」から見たボールの速度は，右向きに**時速200キロ**（100キロ＋100キロ）になります。

ひゃああああ！
プロの投手でも投げられない剛速球だ！

では今度は，同じ電車の中で，左向きに時速100キロでボールを投げる場合はどうでしょう？
外の人からはボールはどのように見えるでしょうか？

投げたボールが真下に落下？

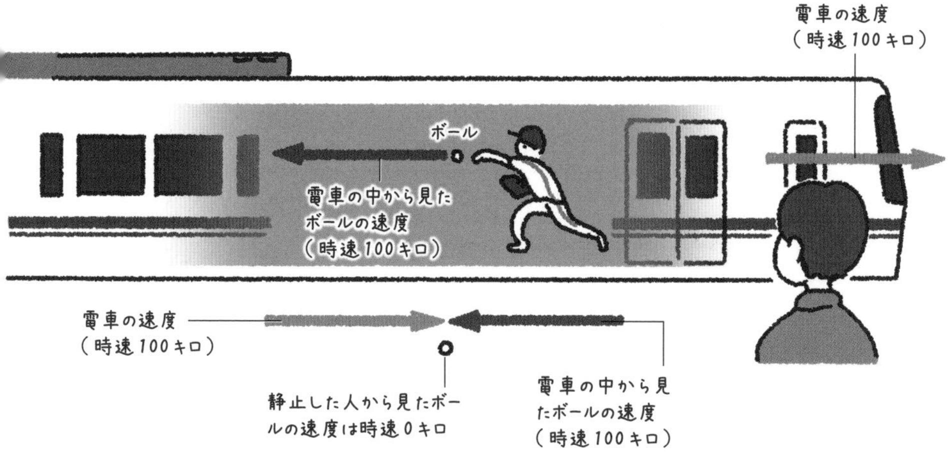

今度は遅く見えるんでしょうか？

ええ，そうです。
矢印の足し算をすると，両者が打ち消し合って，「電車の外の静止している人」から見たボールの**速度はゼロ**（100キロ－100キロ）になります。

速度ゼロ!?
不思議な光景が見えるんですね！

実際には重力がはたらくので，ボールはその場で自然落下するように見えるはずです。電車の中と外で，ボールの速度がちがって見えるように，物の速度は見る人によって変わる，相対的なものなのです。

光の速さは，だれから見ても同じだった！

1905年，26歳となったアインシュタインは，光に関する疑問の“答え”にたどり着きました。
それが**特殊相対性理論**です。
アインシュタインは，この理論の中で，いつだれにとっても「光速」は等しいと考えました。
つまり，静止している人と，高速で動いている人で同じ光を見ると，どちらの人にとっても光は約30万キロメートルで見えるはずだというのです。

いやいや，つい先ほど，物の速度は見る人によって変わるって説明があったばかりじゃないですか!?

たしかに，普通の物体の場合は，速度は相対的なものです。電車に乗った人が，電車の進行方向に向けてボールを投げると，電車の外にいる人にとっては，ボールの速さに電車の速さが足し算されます。とうぜん，逆方向に投げれば，引き算となります。

そうでしたよね。

しかし，光はちがうんです！
たとえ，光源がものすごい速度で動いても，観測者がものすごい速度で動いても，どんなときでも光は秒速約30万キロメートルで進むのです。アインシュタインがとなえたこの考え方を，**光速度不変の原理**といいます。
これは，「速さは足し算や引き算ができる」という，速さの常識をくつがえすものです。

速さの常識？

「速さ」とは「進んだ距離÷かかった時間」のことですが，速さの常識がくつがえるということは，すなわち**空間（距離）**と**時間**に関する常識がくつがえることにほかなりません。

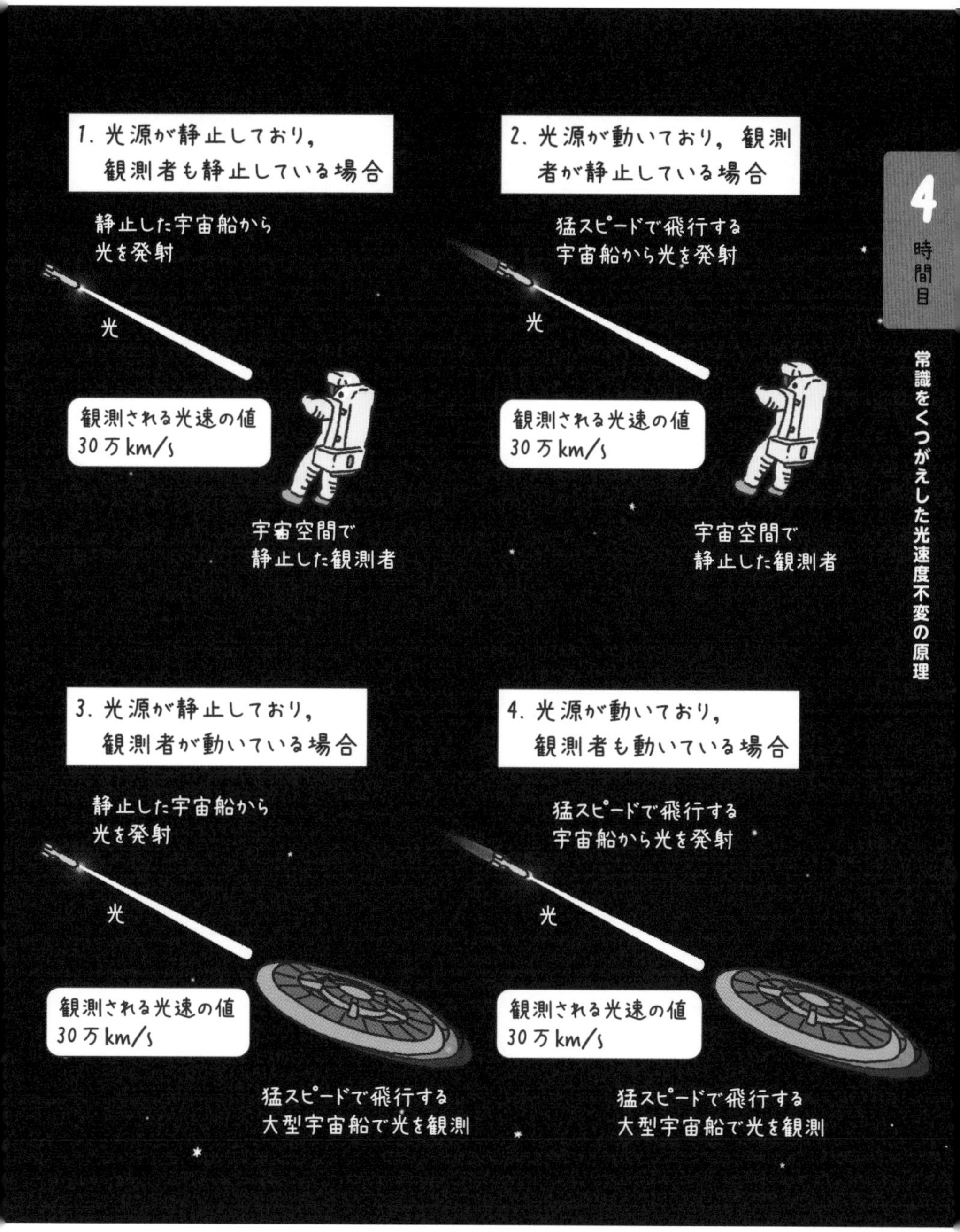
1. 光源が静止しており，観測者も静止している場合
静止した宇宙船から
光を発射
光
観測される光速の値
30万km/s
宇宙空間で
静止した観測者
2. 光源が動いており，観測者が静止している場合
猛スピードで飛行する
宇宙船から光を発射
光
観測される光速の値
30万km/s
宇宙空間で
静止した観測者
3. 光源が静止しており，観測者が動いている場合
静止した宇宙船から
光を発射
光
観測される光速の値
30万km/s
猛スピードで飛行する
大型宇宙船で光を観測
4. 光源が動いており，観測者も動いている場合
猛スピードで飛行する
宇宙船から光を発射
光
観測される光速の値
30万km/s
猛スピードで飛行する
大型宇宙船で光を観測

空間と時間の常識？

時間や空間について，かつては，アイザック・ニュートンがとなえた**絶対空間**，**絶対時間**の考え方が常識でした。

どういう考え方ですか？

絶対時間とは，「何ものにも影響されず，あらゆる場所で一様の速さで流れる時間」を意味します。ひらたくいえば，宇宙のどんな場所に時計を持っていっても，時をきざむペース（たとえば1秒の進み方）はいつでもどこでも同じということです。
一方，絶対空間とは，「何ものにも影響されず，つねに静止している空間」を意味します。つまり，時間の進み方や空間の中の長さはいつだれにとっても等しいということです。

絶対空間と絶対時間の考え方は，なんだか当たり前のように思いますね。

ええ，直感的に受け入れやすいですよね。
ところが，アインシュタインはこの考え方を否定しました。
特殊相対性理論では，だれにとっても等しい絶対的なものは「光速」であり，時間の進み方や空間の中の長さは相対的なものだと説明します。

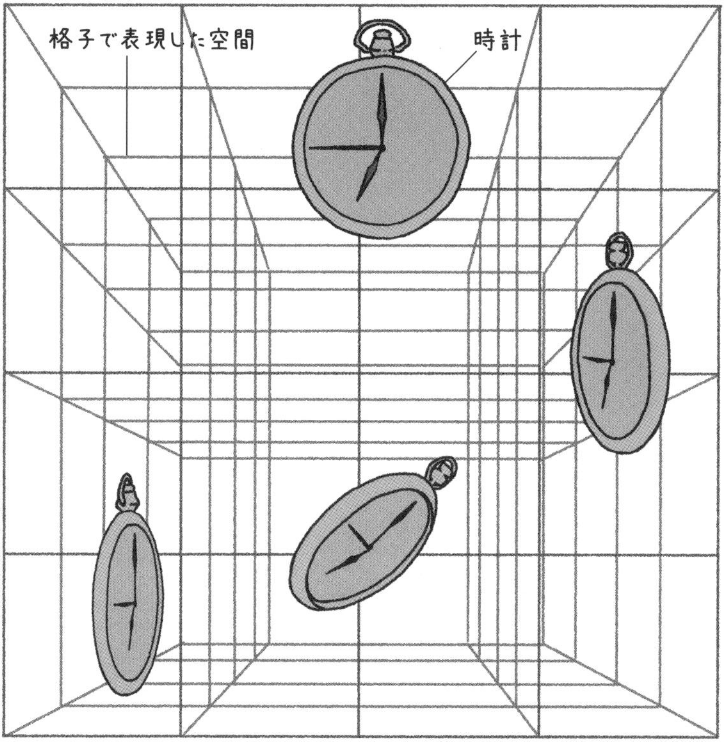

絶対空間と絶対時間のイメージ

相対的とは，だれか（何か）と比較することではじめて決まるということです。
つまり，時間の進み方や空間の中の長さは，くらべる人や物に応じて，伸び縮みするというのです！

えーっ！
時間や空間が伸び縮みする!?
とんでもない！

アインシュタインの考えた時間と空間のイメージ

実際に光速に近いくらいの，ものすごいスピードで動く物体では，空間や時間の長さが伸び縮みするんですよ。

そんなまさか。

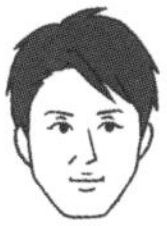

たとえば，特殊相対性理論によれば，高速で飛ぶ宇宙船の中の時計を宇宙船の外から見ると，時間の進み方が遅くなります！
さらに，宇宙船自体も縮んで見えます。

時間や空間はどれくらい伸び縮みするんですか？

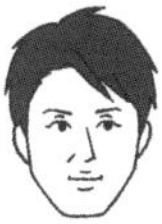

仮に**光速の99%**で進む宇宙船を考えてみます。
宇宙空間に静止した人の時計が**10秒**進んだとき，宇宙船の中の時計を見ると，**1.4秒**しか進んでいません。
また，宇宙船の外から見ると，宇宙船の長さは，静止していたときの長さの**0.14倍**に縮んでしまいます。

どっひゃー！
とんでもないですね。

特殊相対性理論を使えば，マイケルソン・モーリーの実験結果をうまく説明できます。
つまり，光速は一定なのですから，地球に対する光の進行方向に関係なく光速が一定であるという彼らの実験結果は，きわめて妥当です。

ふむ。

特殊相対性理論の登場によって，仮想のエーテルという物質を無理やり考える必要はなくなりました。
エーテルの存在は否定されたのです。

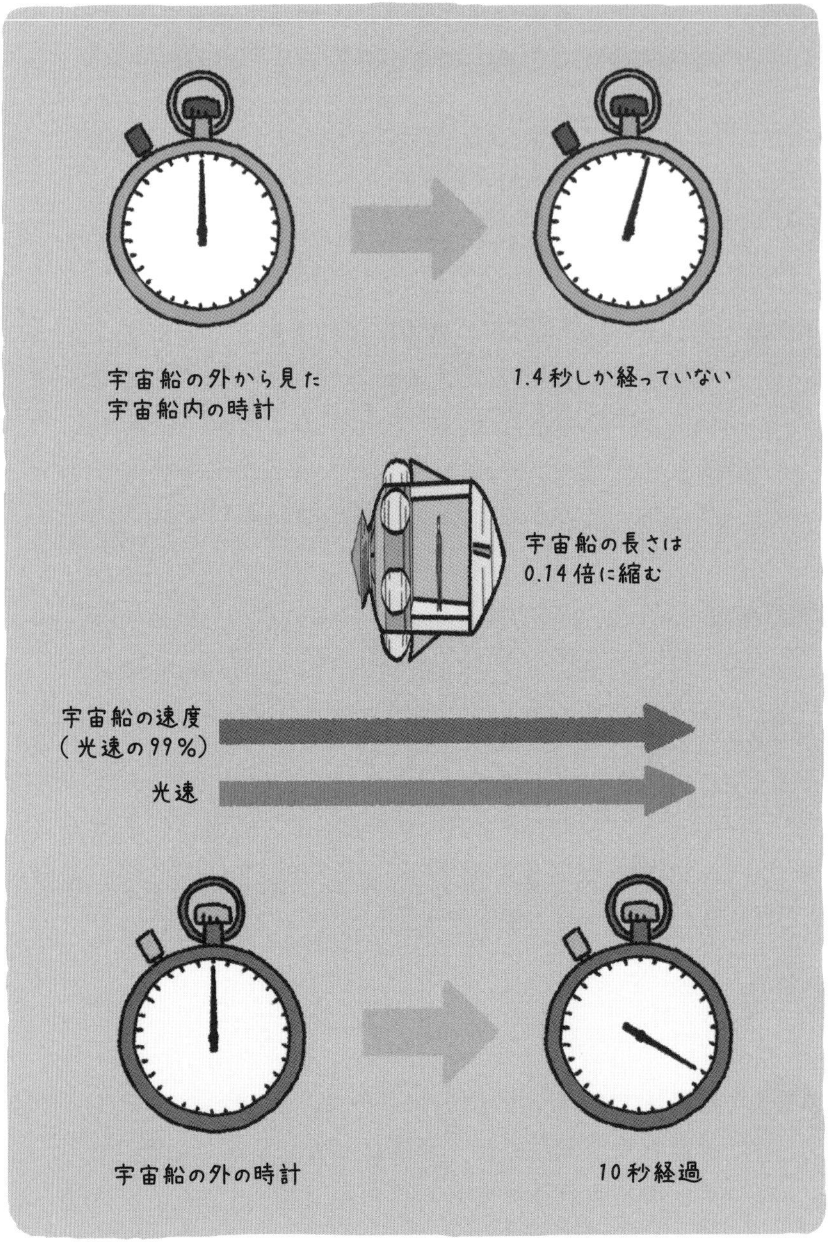
宇宙船の外から見た
宇宙船内の時計
1.4秒しか経っていない
宇宙船の長さは
0.14倍に縮む
宇宙船の速度
(光速の99%)
光速
宇宙船の外の時計
10秒経過

こうして,「光速」に関するアインシュタイン少年の疑問は,科学者たちに突きつけられていたエーテルの謎を解決し,ついには時間と空間の考え方を一新する,物理学の革命にまで発展しました。

STEP 2

超光速は実現不可能？

あらゆるものは光の速度を超えられないと考えられています。しかし私たちのまわりには，光速を超えるかのように見える現象がいくつかあります。はたして超光速は実現可能なのでしょうか？

光速は，自然界の最高速度

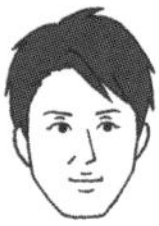

ここからは光の速さについて，より深く考えていきましょう。
宇宙で最速の者を決める**1秒レース**が開催されたとします。
それぞれの分野から，「我こそは！」という者たちが参加します。1秒間で最も長い距離を進むのはだれかを決めるんです。

なんか，おもしろそうですね。どんな人たちが参加するんですか？

まず，私たち**人**（短距離走者）のほか，地上を走る仲間として，**ウマ**（競走馬），**F1マシン**がエントリーします。

F1!?
ちょっと勝負になりませんよ！

まあまあ。
そして空を飛ぶものとして，空気中を伝わる**音**（音波），**超音速飛行機**，そして冥王星を超えて探査をつづけるNASA（アメリカ航空宇宙局）の探査機**ニューホライズンズ**も出場します。

よりどりみどりですね。

素粒子の世界からは，光（光子）のほか，**重力（重力子）**，そして**ニュートリノ**が出場します。

素粒子？

自然界を構成する最小単位の粒子を**素粒子**とよびます。

最も小さいのは，**原子**じゃないんですか？

原子は原子核と電子からなります。
そして原子核は陽子と中性子が集まってできています。
この陽子と中性子は，さらに**アップクォーク**と**ダウンクォーク**とよばれる粒子が組み合わさってできています。
電子，アップクォーク，ダウンクォークはそれ以上分割できないと考えられています。つまり，物質を構成する**最小単位**というわけです。このような自然界の最小単位を**素粒子**といいます。

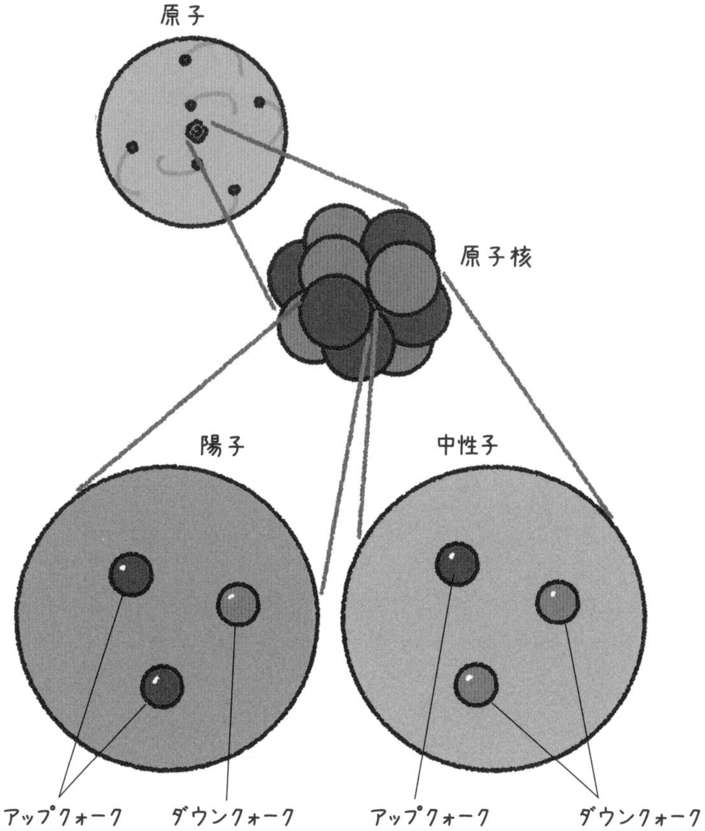

素粒子は3種類のほかにもあるんですか？

ええ。**ニュートリノ**もそうですし，光を伝える**光子**や，重力を伝える**重力子**も素粒子です。ただし，重力子はまだ発見されていません。
光子と重力子にもレースに参加してもらいます。

ウマから素粒子までが参加したレース。人間なんて，やっぱり勝てませんよ。

さあ，どうでしょうか。結果を見てみましょうか。
よーい，どん！
スタートするやいなや，光と重力，ニュートリノがあっという間に抜けだしました。
判定の結果，1秒で約30万キロメートルもの距離を進んだ**光**と**重力**が同着で1位です！
ニュートリノは，ほんのわずかにおよばす3位でした。

ほらね，やっぱり。
光って，1秒間で地球を7周半もまわれるんですよね。

そうですね。
アインシュタインが，1905年に発表した**特殊相対性理論**は，「真空中の光の速さは，止まっている人から見ても，高速で動いている人から見ても，つねに一定である」という，**光速度不変の原理**をもとに構築されています。

だれから見ても光の速さが同じになるっていう，とんでもない原則でしたよね。

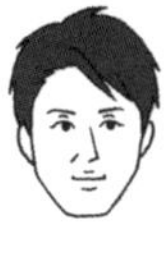

ええ。
この光速度不変の原理からは，光について，もう一つ重要な結論が導かれます。
それは，「何物も光より速く移動することはできない」ということです。

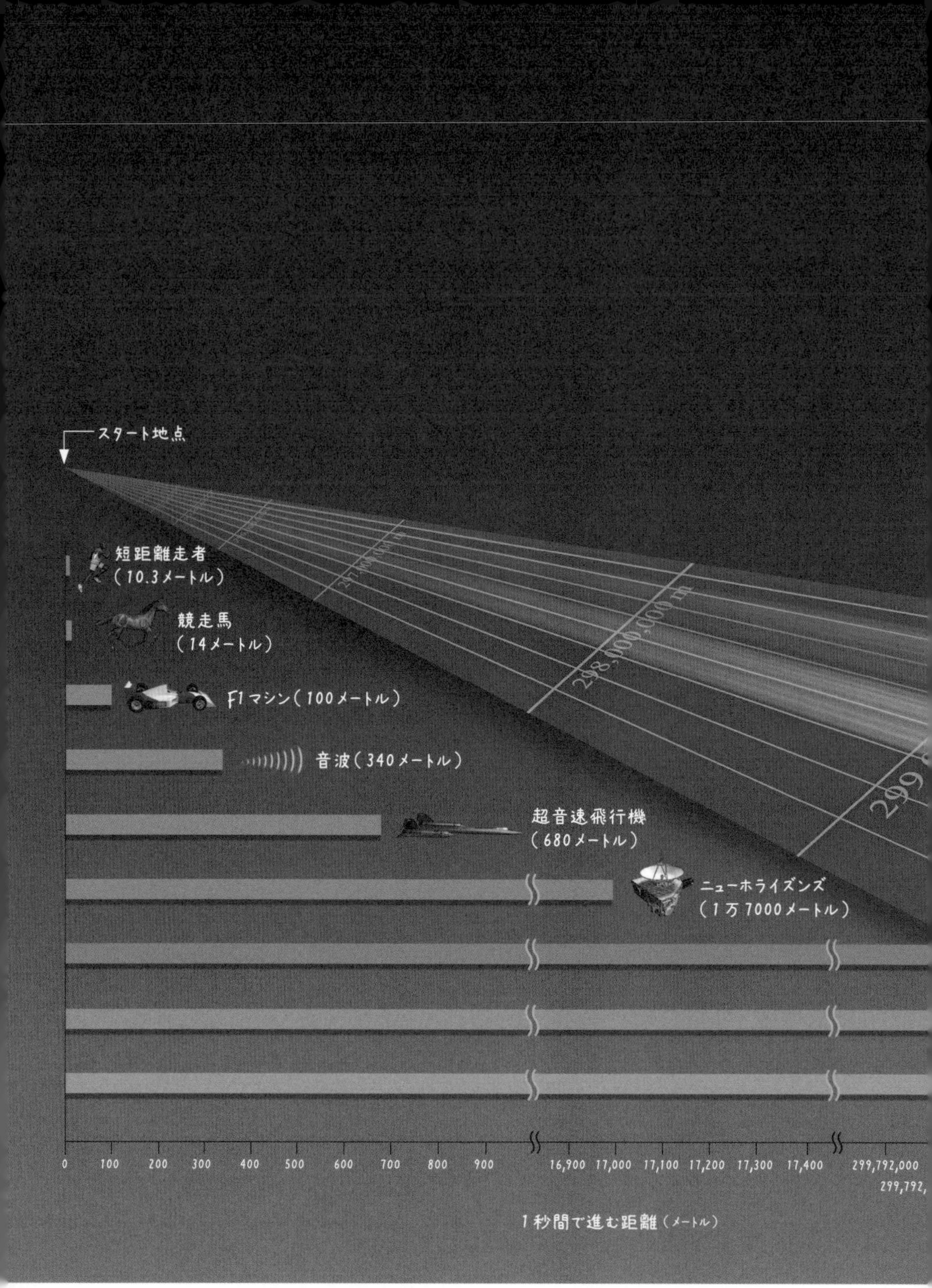

スタート地点
短距離走者
（10.3メートル）
競走馬
（14メートル）
F1マシン（100メートル）
音波（340メートル）
超音速飛行機
（680メートル）
ニューホライズンズ
（1万7000メートル）
298,000,000 m
0
100
200
300
400
500
600
700
800
900
16,900
17,000
17,100
17,200
17,300
17,400
299,792,000
299,792,
1秒間で進む距離（メートル）

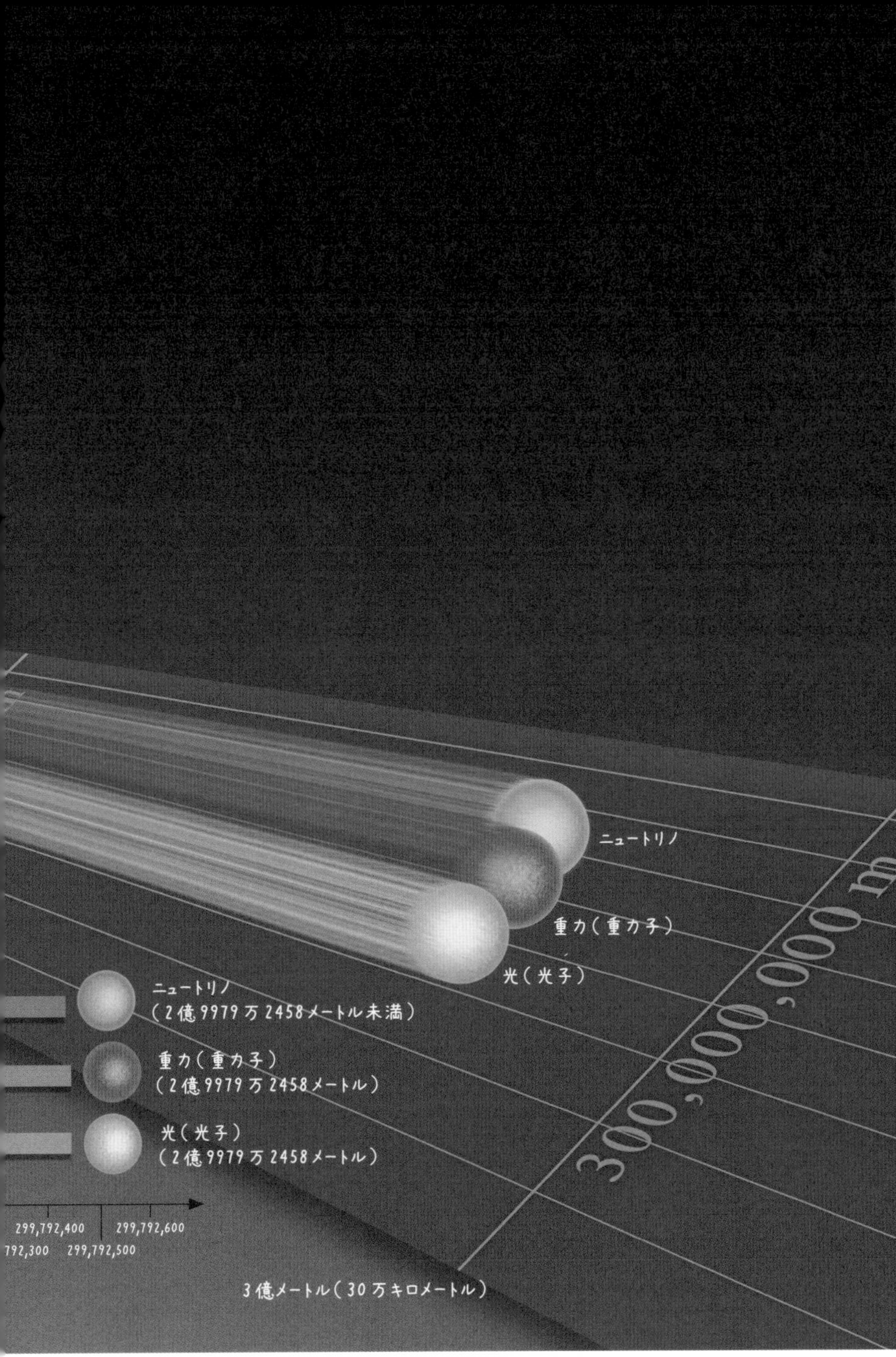
ニュートリノ
重力(重力子)
光(光子)
300,000,000 m
ニュートリノ
(2億9979万2458メートル未満)
重力(重力子)
(2億9979万2458メートル)
光(光子)
(2億9979万2458メートル)
299,792,400
299,792,600
792,300
299,792,500
3億メートル(30万キロメートル)

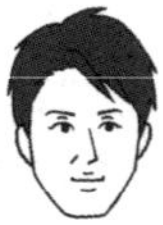

どんなに速く進む物体から見ても光はつねに約30万キロメートルで進むわけですから，この速度を超えて移動することはできません。
つまり，光の速さは**自然界の最高速度**なのです。

自然界の最高速度!?

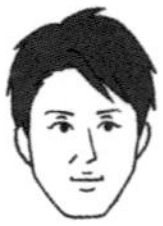

現在のところ，真空中を光速（秒速約30万キロメートル）で進むことができるのは，光と重力だけだといわれています。この二つの共通点は，重さ（質量）が**ゼロ**だということです。

……ということは，質量があるものは，光速になれないってこと？

はい。わずかでも質量があるものは，どんなに加速しても，光速を超えるどころか，光と同じ速さになることすらできません。

ロケットから光を発射しても，光速は超えられない

光速って本当に超えられないんですか？
なんかめっちゃ頑張れば，光速よりも速く移動する物体って，できそうな気がするんですけど。

それでは考えてみましょう。
地球から月に，何らかの信号を送る場合，地球から月までの距離は約38万キロメートルですから，秒速約30万キロメートルで進む光で信号を送ると，届くまでにおよそ**1.3秒**かかります。
つまり，1.3秒より短い時間で，地球から月に何らかの信号や物体を送ることができれば，光の速さを超えたことになります。

行けそうな気がします！

たとえば，**時速120キロメートル**の球を投げるピッチングマシンをトラックの荷台に置き，トラックを**時速60キロメートル**で走らせながら進行方向に球を投げたら，両者の速度が足し合わされて，**時速180キロメートル**の剛速球が届きます。

あっ！　ということは，光速で飛ぶロケットから光を発射すれば，光速は超えられるんじゃないですか？

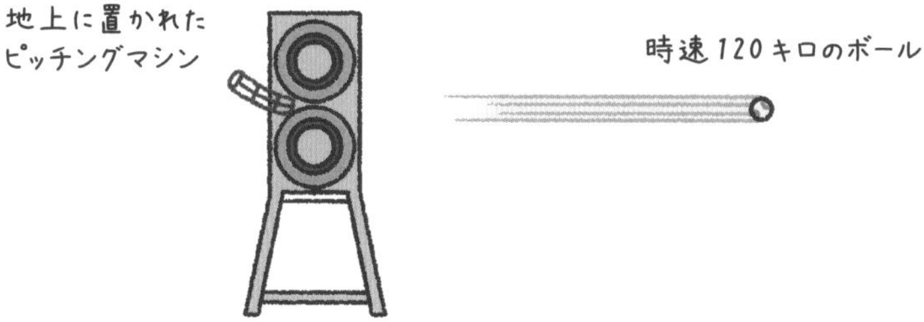

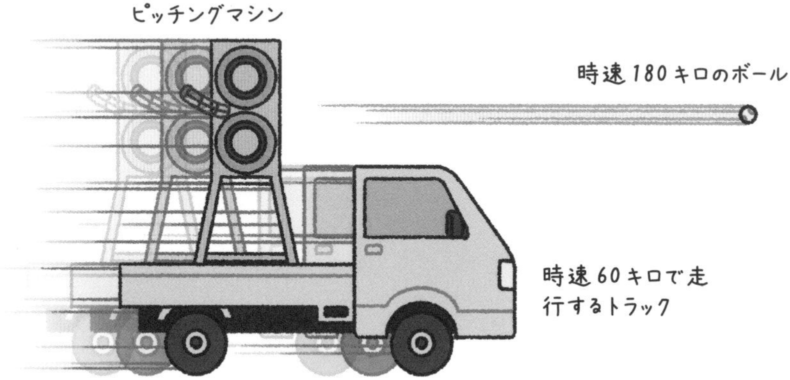

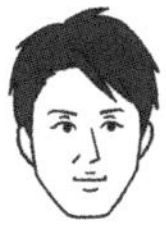

では，光速のおよそ0.6倍（秒速20万キロメートル）の速さで進むロケットから光の信号を発射する場合を考えてみましょう。
私たちの常識からすると，通常の光の速さ（秒速約30万キロメートル）に，ロケットの速さが足し合わされて，発射された光は光速の約1.6倍（秒速約50万キロメートル）という，猛烈な速さで進むはずです。

ほら，簡単に光速を超えられました！

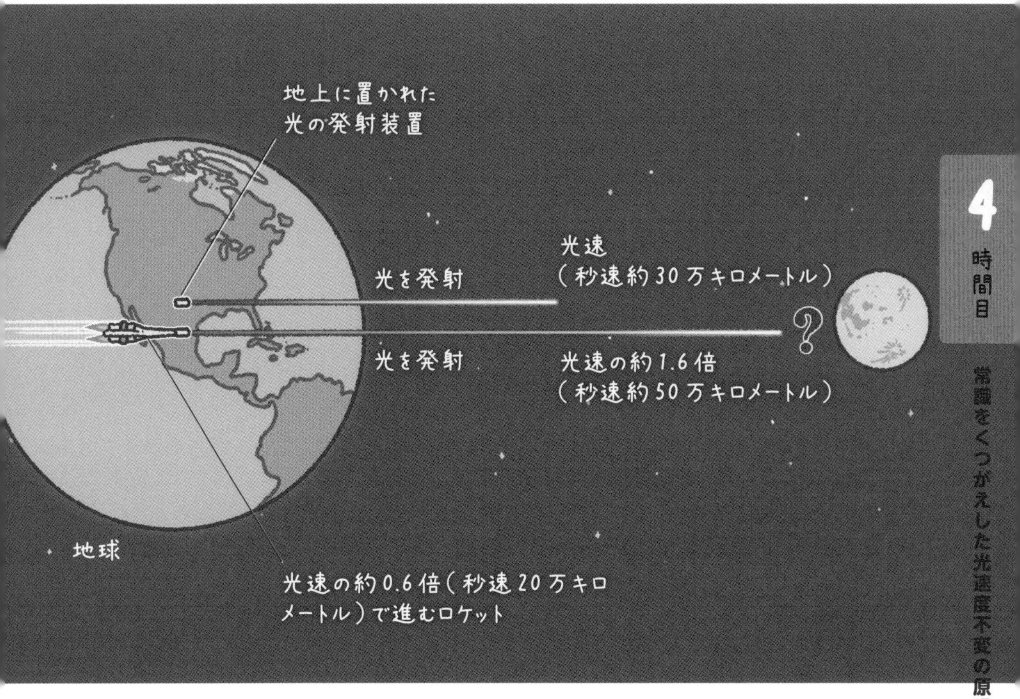

でも残念ながら，この考え方は**誤り**です。
実際には，猛スピードで進むロケットから発射された光も，地球上に固定された装置から発射された光も，同じく秒速約30万キロメートルで進みます。これが，つねに光の速さは変わらないとする**光速度不変の原理**です。

あ……，そうか。
でも，そうした現象は，実際に確認されているんですか？
アインシュタインの頭の中の理屈だけだったら，信用できません！

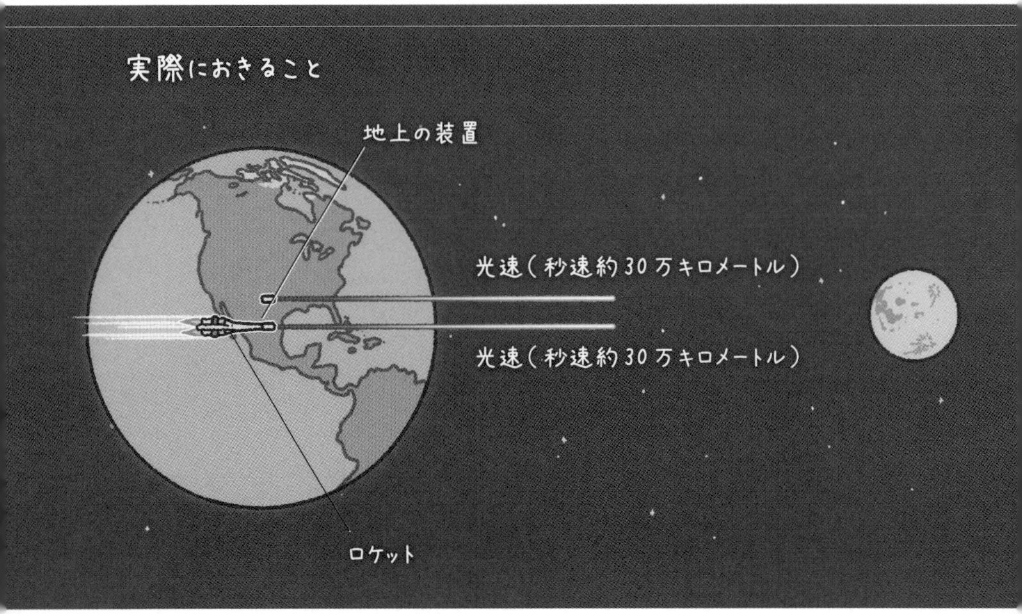

もちろんです。
そうしたことは，電子などの粒子を加速させる**加速器**という装置を使った実験で確かめられています。

加速器？

微小な粒子を猛烈に加速する実験装置です。
1964年に，ヨーロッパ原子核研究機構（CERN）の加速器で，**光速の99.975%**という速度で飛ぶ**パイ中間子**という粒子から放出された光の速さが測定されました。
その結果，光の速さはやはり秒速約30万キロメートルでした。つまり，パイ中間子の速さが足されて超光速になることはなかったのです。

「光速度不変の原理」って，あまりにも私たちの常識から外れすぎですよ。

アインシュタインは，光速度不変の原理と，速度に関する私たちの常識が両立するように，速度の足し算のしかたを見直しました。この式です。

単純な速度の足し算

$$V=v+u$$

アインシュタインによる速度の足し算

$$V=\frac{v+u}{1+\frac{v\times u}{c^2}}$$

V：外部から見たボール（小型ロケット，光）の速度
v：外部から見たトラック（大型ロケット）の速度
u：トラック（大型ロケット）から見たボール（小型ロケット，光）の速度
c：真空中の光速

あわわわ，数式!?

この式自体をおぼえる必要なんてありません。ざっくりとこの数式があらわしていることを説明しましょう。

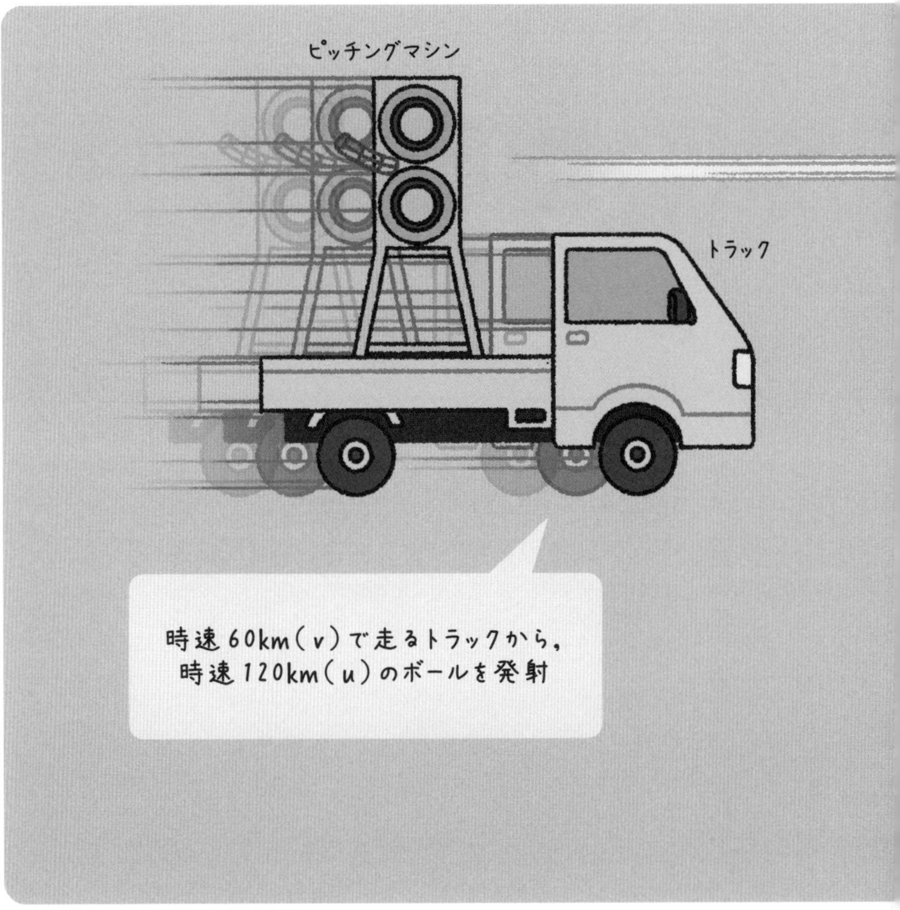

まず，日常的な範囲，つまり$\boldsymbol{v}$や$\boldsymbol{u}$が光速$\boldsymbol{c}$よりもはるかに小さいときは，速度を単純に足し算した結果と，アインシュタインが提案した式を使って計算した結果は，ほとんど変わりません。

ふむふむ。

単純な速度の足し算で計算した場合

$$V = 60 + 120 = 180$$

ボールの速さは時速180 km？

アインシュタインによる速度の足し算で計算した場合

$$V = \cfrac{60 + 120}{1 + \cfrac{60 \times 120}{(1079252848.8)^2}}$$

(1079252848.8)：時速に換算した光速

$$= 179.999\cdots$$

ボールの速さは時速179.999… km

外部の静止した観測者

ところが速さが光速（c）に近くなるほど，単純な足し算とのちがいが明確になります。
単純に足すと光速を超えてしまう場合でも，アインシュタインの式で計算すると，速度は必ず光速未満になるのです。

ホントだ！　不思議ですね。

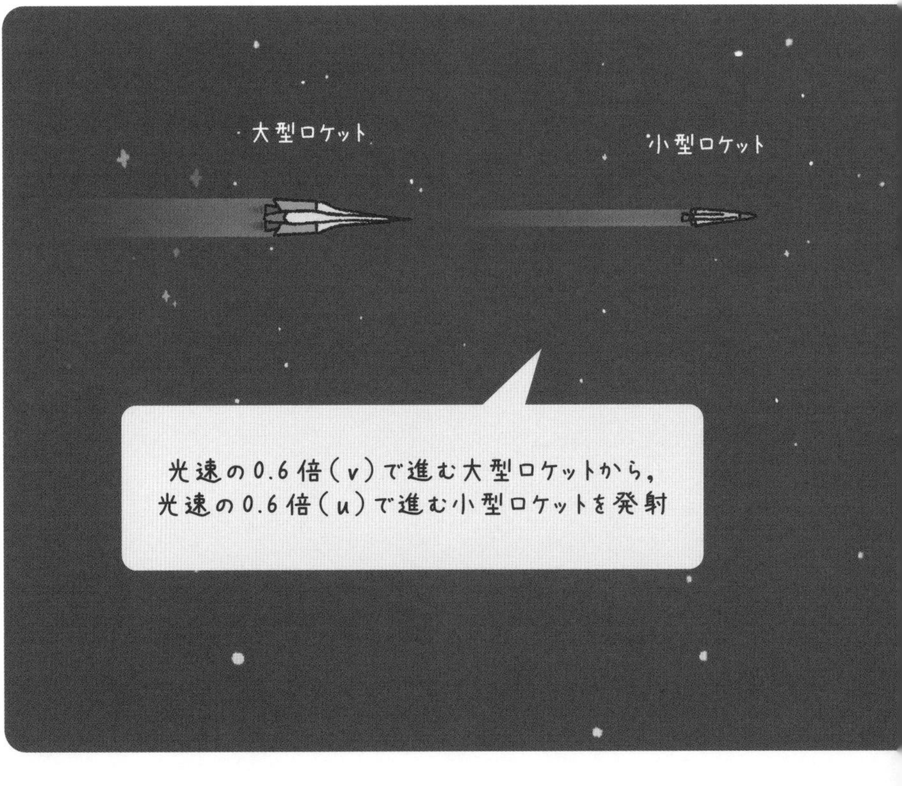

下のイラストのように，光速の0.6倍で進む大型ロケットから，光速の0.6倍で進む小型ロケットを発射した場合，常識的には光速の1.2倍になりそうです。
しかし，アインシュタインの式の計算の結果，小型のロケットの速さは光速の約0.88倍にしかなりません。

光速を超えることはないんですね。

ええ。

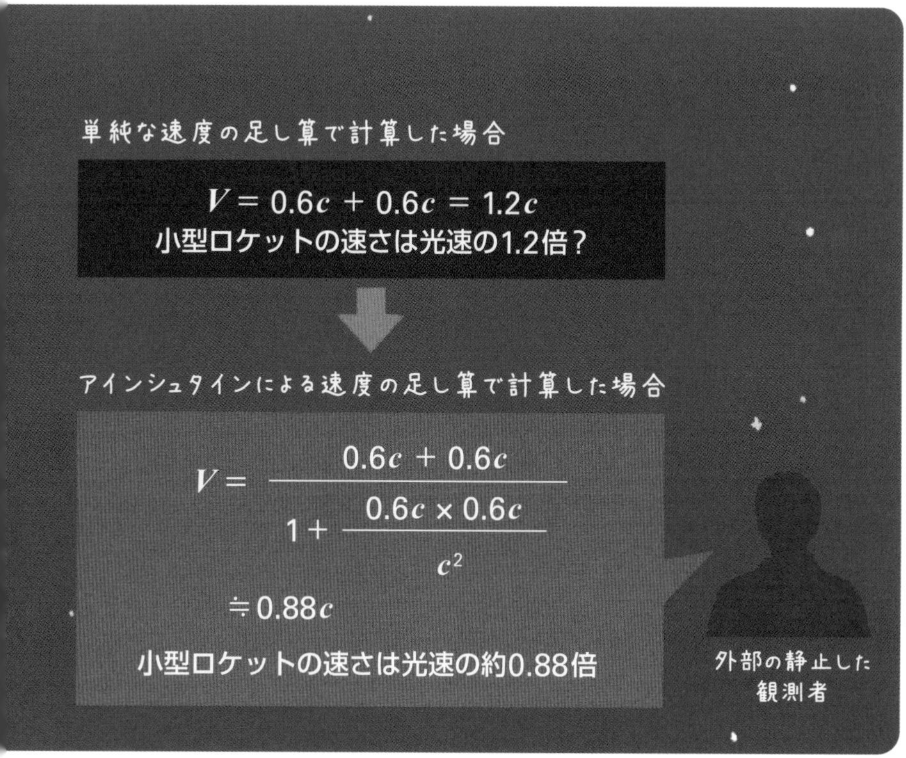

さらに，どんな速度の物体から放出された場合でも，光の速度は，計算（$\boldsymbol{u}$に$\boldsymbol{c}$を代入）するとつねに光速になります。

ロケットから光を放出しても，光速が変化しないって，やっぱりとても不思議ですね。

下のイラストのように，光速の0.6倍で進む大型ロケットから，光を発射した場合，その速度は光速の1.6倍にはならず，光速のままです。

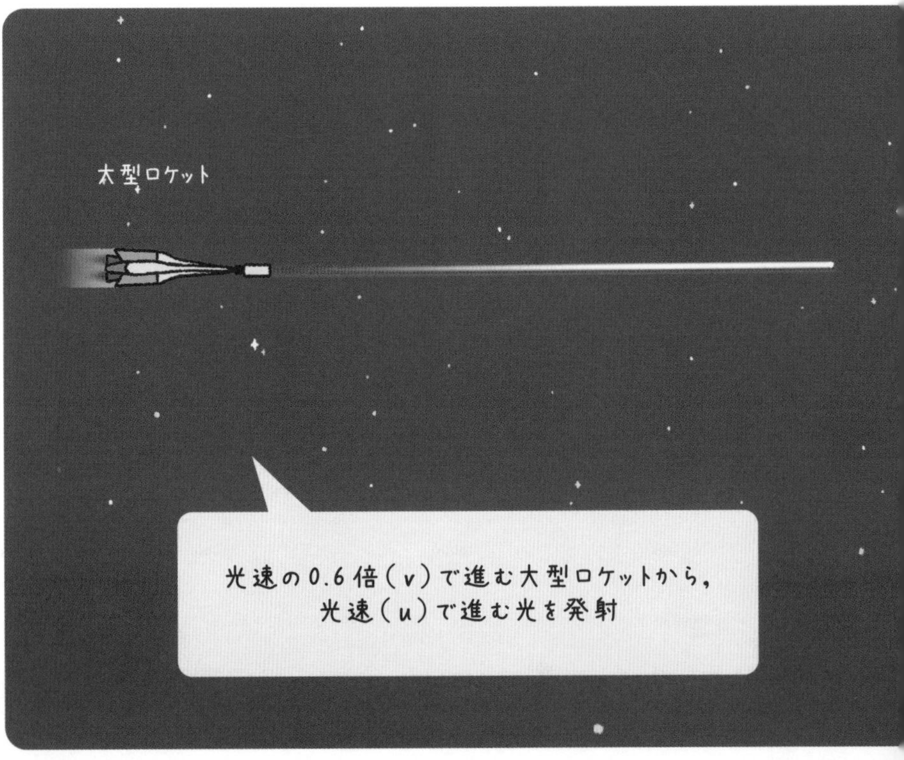

ただし！
アインシュタインの相対性理論では，光速がつねに一定で変化しないかわりに，従来の常識では絶対に変化しないと思われていたものが変化するんですよ。

何が変化するんですか!?

それは**時間**と**空間**です。
二つを合わせて**時空**ともよばれます。

単純な速度の足し算で計算した場合

$$V = 0.6c + c = 1.6c$$

光の速さは光速の1.6倍？

アインシュタインによる速度の足し算で計算した場合

$$V = \frac{0.6c + c}{1 + \frac{0.6c \times c}{c^2}}$$

$$= c$$

光の速さは光速のまま

時間と空間！

相対性理論によれば，光速に近い速さで移動する宇宙船を，地上の人が観測すると，宇宙船内の時間の流れ方がゆっくりに見え，それと同時に，進行方向に対して宇宙船が縮んで見えます。

どっひゃー！

速度とは，空間中の移動距離を，移動にかかった時間で割ったものです（速度＝距離÷時間）。
すなわち，光速をつねに一定にするには，時間と空間のほうを変化させないとつじつまが合わなくなるんです。

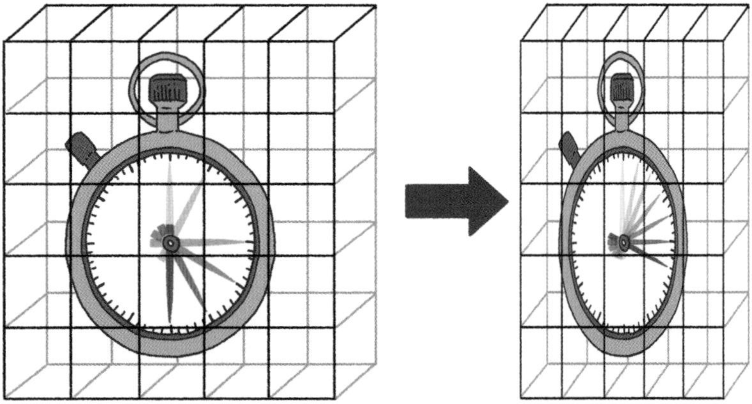

ライトの向きを変えても，光速は超えられない

本当に，光の速度を超えることはできないんでしょうか？何か方法がありそうな気がしますけど。

光を加速しても超光速にするのが無理なら，別の方法で超光速を実現できるか，考えてみましょう。

お願いします！

地球から月に向かって光の信号を発射すると，届くのに**1.3秒**かかりますが，地球と月からはなれた場所にある宇宙船を使えば，ひょっとすると1.3秒よりも短い時間で光の信号を地球から月に送れるかもしれません。

どんな方法です？

まず，地球と月の間に長〜いスクリーンを設置します。
そのスクリーンの地球側の端に，宇宙船上の光の発射装置から光を当てます。
そして，光の発射装置の向きを地球から月に向かって，1秒ですばやく動かします。すると，地球と月の間を光の点が1秒で移動することになります。

おお！　１秒で光の発射装置の向きをくるっと動かせばいいんですよね。
たしかに，これなら簡単に光速を超えられそうです！

ええ。この話には，速度の足し算は関係ありません。宇宙船にある光の発射装置をすばやく動かせば，光の点は実際に地球から月に向かって超光速で動くんです。

じゃあ，光の速度を超えられるわけですから，アインシュタインの考えはまちがっていたんですね！

いいえ，実はこの現象は，アインシュタインの相対性理論と矛盾するわけではありません。
なぜなら，この例は，宇宙船からの光がごく短い時間差で地球と月に届くだけであって，地球から出た光が超光速で進んだわけではないからです。
実際には，次のイラストのように，宇宙船から出た別々の光が，スクリーン上に到達したにすぎないわけです。

ぐぬぬぬ。

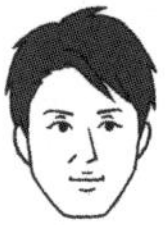

スクリーン上を超光速で光の点が動く例は，**見かけ上の超光速現象**だといえます。超光速現象が，たんなる見かけ上のものか，ほんとうに光より速く何かが移動しているのかを見分けるポイントの一つは，**情報を伝えられるかどうか**です。

情報を伝える？

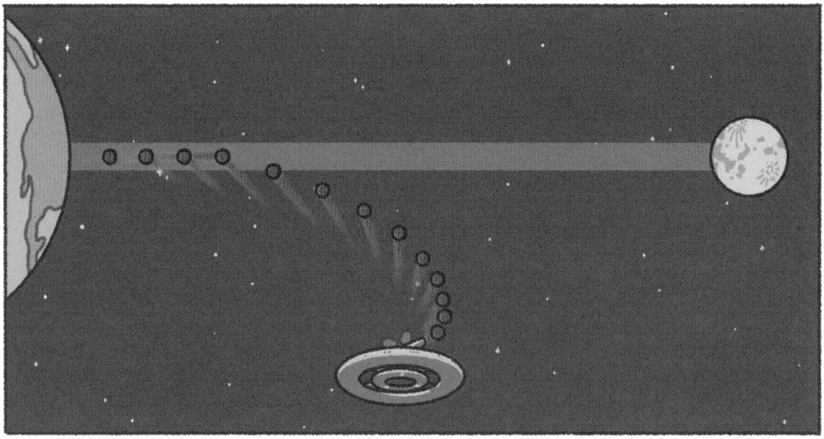

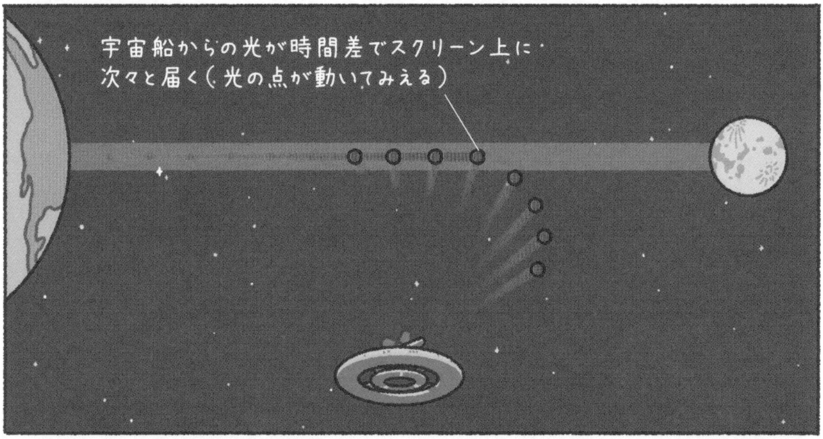
宇宙船からの光が時間差でスクリーン上に
次々と届く（光の点が動いてみえる）

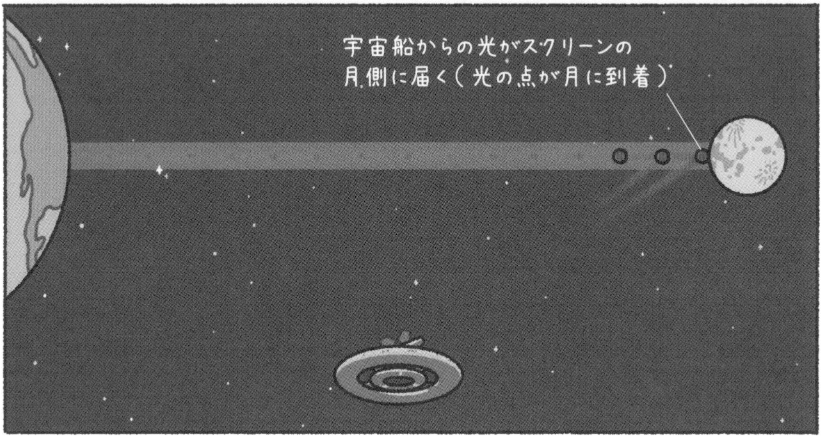
宇宙船からの光がスクリーンの
月側に届く（光の点が月に到着）

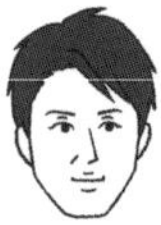

地球から月に向かって光を発射する場合，たとえばモールス信号のように光を点滅させることで，地球から月に情報を伝えることができます。

そのときは，通信時間に1.3秒かかるんですよね。

ええ，そうです。
一方，宇宙船を使ってスクリーン上に光の点を走らせる方法では，たしかに「光の点」は超光速で地球から月に届きます。しかし，単に「宇宙船からの光が地球と月に届く」だけですから，「地球から月に何らかの情報を送る」ことではないのです。

だから，見かけ上，超光速に見えているだけだったのか。ガッカリ……。

遠くの銀河は，超光速で遠ざかっているように見える

相対性理論によれば，光より速く何かが移動することはありえません。ところが，光よりも速く遠ざかっているものが，実はあるんです。

ど，どういうことですか!?

地球から遠くはなれた場所にある銀河は，超光速で遠ざかっているように見えるんです。

ぎ，銀河が？

1929年，アメリカの天文学者**エドウィン・ハッブル**（1889～1953）は，遠くにある銀河ほど，地球から速く遠ざかっていることを発見しました。くわしくは説明しませんが，この観測事実は「宇宙空間が膨張している」ことを示しています。

エドウィン・ハッブル
（1889～1953）

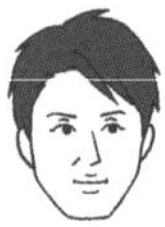

観測によると，銀河が地球から遠ざかる速さは，地球からの距離に比例します。
つまり，20億光年先にある銀河は，10億光年先にある銀河の2倍速く遠ざかっていくということです。
これを**ハッブル・ルメートルの法則**とよびます。

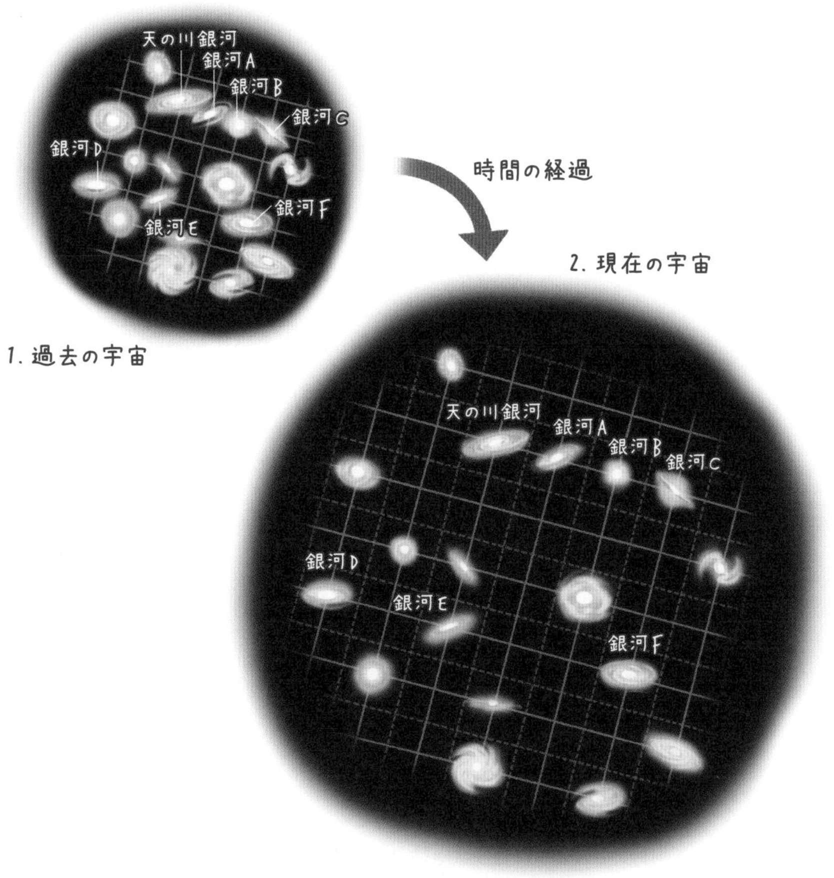

遠くなればなるほど，どこまでも銀河が遠ざかる速度が上がるってことですか？

そうです。
銀河までの距離が遠くなるほど，遠ざかる速度はどんどん速くなり，やがて光速を超えます。

なんだ，超光速の現象，あるんじゃないですか。

実はこの現象も，超光速での移動を禁じた相対性理論と矛盾しません。
これは銀河自体が実際に光より速く移動しているわけではないからです。

どうしてです？
だって，実際に銀河が……。

銀河が存在している空間は，いわば物体が移動する“**舞台**”です。相対性理論が禁じているのは，「同じ“舞台”における移動速度」が光速を超えることです。
つまり，光と横並びになって競争して，光より速く移動することはやっぱり不可能であり，“舞台”そのものが超光速で遠ざかることは，相対性理論とは矛盾しません。

そうなんだぁ……。ちょっとがっかりです。

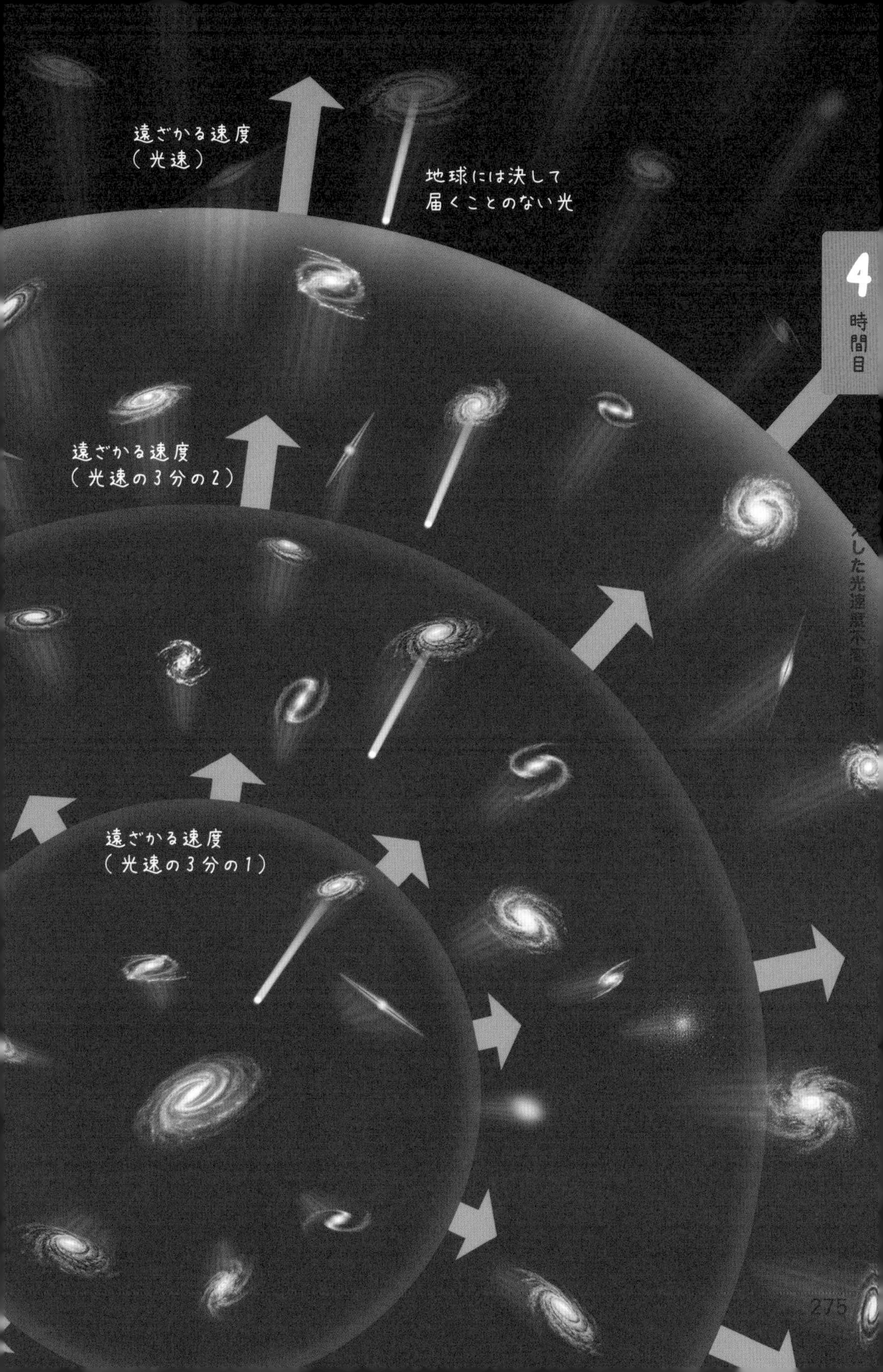
遠ざかる速度
（光速）
地球には決して
届くことのない光
遠ざかる速度
（光速の3分の2）
遠ざかる速度
（光速の3分の1）

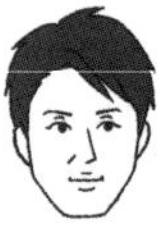

超光速で遠ざかる遠方の銀河が地球に向かって光を発した場合，その銀河が存在している領域（空間）自体が光より速く遠ざかっているわけですから，光はいっこうに地球に近づいてきません。
上りエスカレーターを逆行して歩いて下っても，歩く速度が遅ければ，結局上っていってしまうのと同じです。

じゃあ，そのような銀河は，地球からは見ることができないってことですか？

ええ，その通りです。
このように，光の速さで遠ざかる場所を境界として，その向こう側を私たちは見ることができません。だからその境界を**宇宙の果て**とよぶこともできます。

宇宙の果て……。

ただし，宇宙の膨張速度が，宇宙の歴史の中で変化してゆっくりになれば，銀河が遠ざかる速度もゆっくりになります。その場合，遠ざかる速度が超光速から光速未満になって，銀河から発せられた光が長い時間をかけて地球に届くこともありえますね。

宇宙では，超光速のジェットが噴きでている？

もう一つ，超光速に見える現象を紹介しましょう。
おとめ座の方向，地球から約25億光年の距離に**3C 273**という天体があります。
これは，強い電波を発する「クェーサー」という種類の天体で，3C 273からは，電子などが猛烈な勢いで噴出し，**ジェット**とよばれる構造をつくっています。

そのどこに超光速が出てくるんですか？

観測によると，3C 273から出ているジェットは，なんと光速の**8倍**もの速度で噴出して見えるのです。
この3C 273以外にも，超光速でジェットが噴出するようすが観測される天体がいくつもあります。

これも相対性理論とは矛盾しないんでしょうか？
どんなしくみがあるんでしょうか？

はい，実際にはジェットは超光速で吹きでているわけではないのです。
たとえば，あるクェーサーから噴出したジェットが，A地点からB地点まで，**3年間で4光年**伸びるようすが観察されたとします。

1光年？

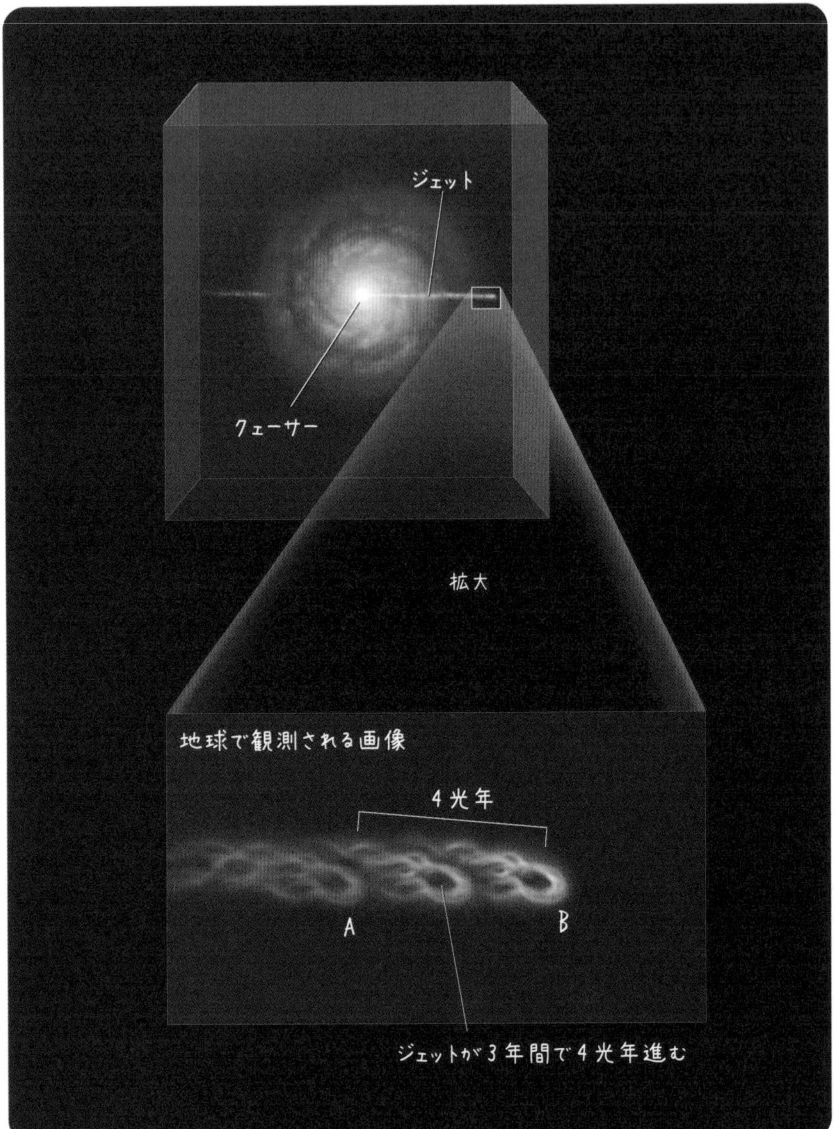
ジェット
クェーサー
拡大
地球で観測される画像
4光年
A
B
ジェットが3年間で4光年進む

1光年は，光が1年で進む距離をあらわします。**光年**は，年とついていますが，時間の単位ではなく，**距離の単位**なので覚えておいてください。
今回の例で3年間で4光年伸びたということは，1年で約1.3光年の距離を進んだことになり，ジェットの速さは光速の約1.3倍であるように思われます。

なるほど，そうなりますね。
ついにアインシュタインの考えを否定する超光速の現象なのではないですか？

このジェットをちがう角度から見たのが，次のイラストです。地球から3年間で4光年進んだように見えるケースでは，ジェットはほぼ横方向にのみ進んでいるように見えました。ですが実際には，このように地球の方向に近づいていたことがわかります。

ジェットの奥行きがよくわかっていなかったのですね。

はい。
奥行きを考慮すると，実際には，ジェットはA地点からB地点まで，10年間で8光年の距離を進んでいました。
つまり，ジェットの実際の速さは，光速の0.8倍（80％）だったのです。

ふむふむ。
光速以下だったと。

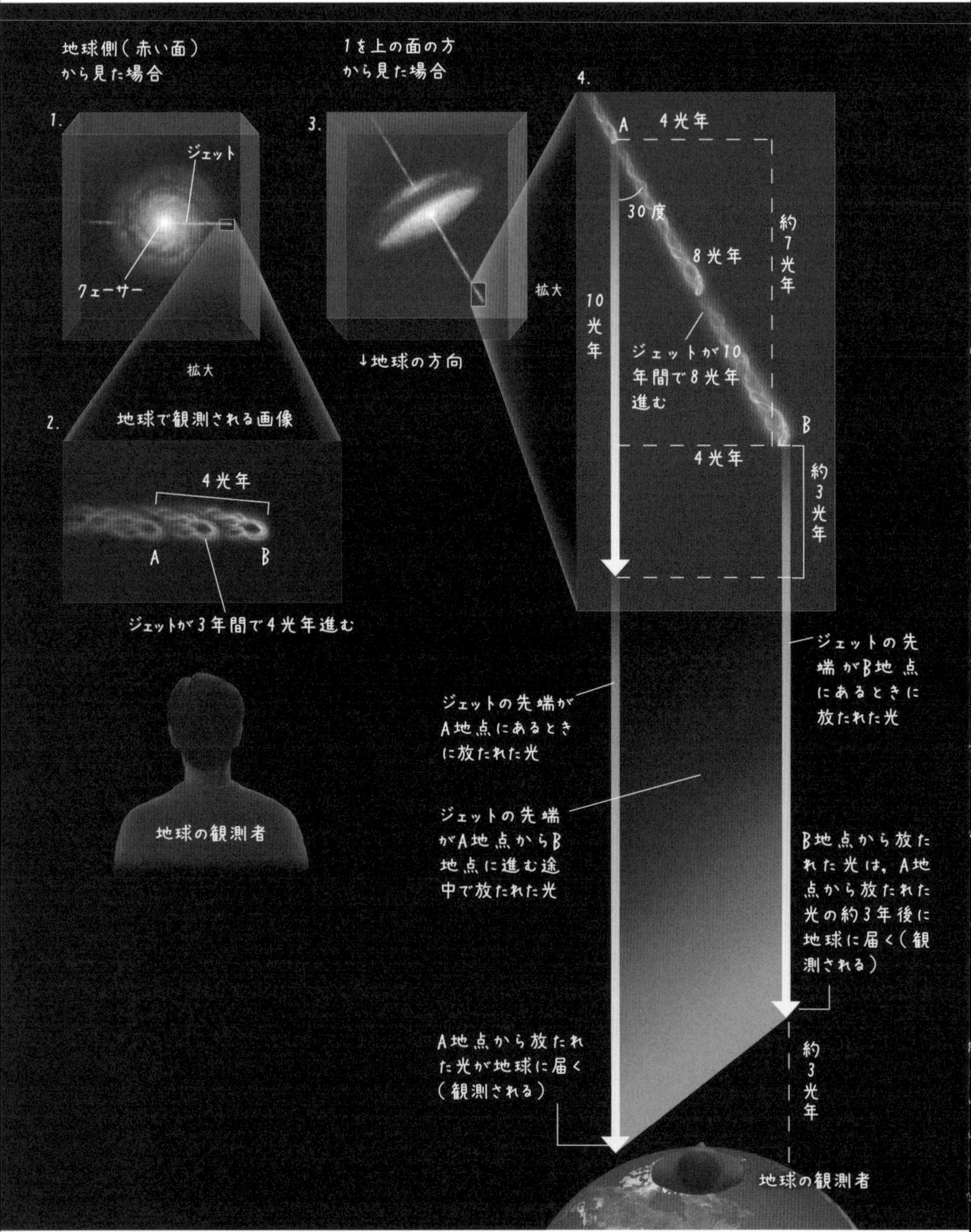

地球側(赤い面)から見た場合
1を上の面の方から見た場合
1.
ジェット
クェーサー
拡大
2.
地球で観測される画像
4光年
A
B
ジェットが3年間で4光年進む
3.
拡大
↓地球の方向
4.
A
4光年
30度
約7光年
8光年
10光年
ジェットが10年間で8光年進む
B
4光年
約3光年
地球の観測者
ジェットの先端がB地点にあるときに放たれた光
ジェットの先端がA地点にあるときに放たれた光
ジェットの先端がA地点からB地点に進む途中で放たれた光
B地点から放たれた光は、A地点から放たれた光の約3年後に地球に届く(観測される)
A地点から放たれた光が地球に届く(観測される)
約3光年
地球の観測者

ジェットの先端（B地点）は，10年間で地球に約7光年分近づいています。そのため，10年前にジェットの先端がA地点にあったときに出た光の先端と，現在のジェットの先端（B地点）では，地球からの距離の差は約3光年しかありません。
これはつまり，この時点でB地点から放たれた光は，10年前にA地点から放たれた光が地球に届いてから約3年後に地球に届くことを意味します。その結果，地球ではジェットが3年間で4光年の距離を進んだように見えるというわけです。このように，噴出する速さと向きによっては，ジェットが光速の何倍もの速度で進んでいるように見えることもあります。

水中なら，電子は光を追い抜ける

今まで見てきたような宇宙観測でなくても，超光速を観測することができます。
しかもそれは，**見かけの超光速**ではなく，ほんとうに光よりも速くなる現象です。

ええっ！
どういった現象なんですか!?

宇宙から飛来した**ニュートリノ**という粒子が，ごくまれに水中にある原子にぶつかると，その衝撃によって電子などがたたきだされます。

するとこの電子は，水中を光より速く移動することがあるのです。

おおっ！　つ，ついに光速度不変の原理が破られるときが来たのですね！

でも残念ながら，これも光速度不変の原理とは矛盾していないんです。

そんなバカな！
だって，実際に光より電子が速くなるんでしょう？

それはまちがいありません。ですが，電子が**水中で**光より速く移動しても，相対性理論とは矛盾しません。
相対性理論が「一定」かつ「超えられない」としているのは，**真空中の光速**だからです。

え？　真空中の光速？

水中では光の速さは，真空中の**約75%**にまで遅くなります。この「水中で遅くなった光」なら追い抜くことができるわけです。

はぁぁぁ……。そういうことですか……。
またまた，残念です。

このニュートリノが引きおこす“超光速”の現象を大規模に観測している実験施設が，岐阜県の神岡鉱山の地下にある**スーパーカミオカンデ**です。

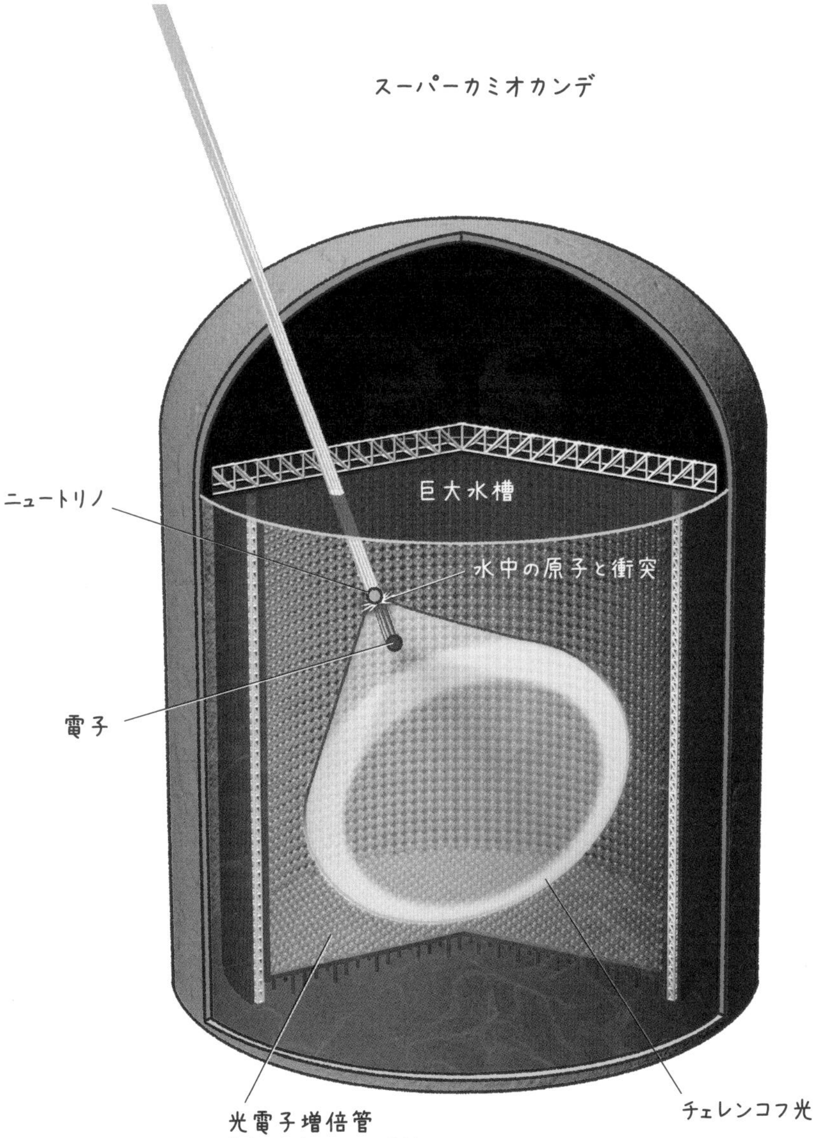
スーパーカミオカンデ
巨大水槽
ニュートリノ
水中の原子と衝突
電子
光電子増倍管
（内壁全体に設置）
チェレンコフ光

すーぱーかみお……，なんですって？

スーパーカミオカンデです！
電子などの電気をおびた粒子が水中を光より速く移動すると，粒子の進行方向の斜め前方に向かって，特殊な光が放出されます。
この光を**チェレンコフ光**とよびます。
スーパーカミオカンデは，チェレンコフ光を観測することで，チェレンコフ光を発生させたニュートリノを調べることができます。

チェレンコフ光って，どうして出るんです？

飛行機などが音速（秒速約340メートル，時速約1220キロメートル）より速く移動すると**衝撃波**が生じることはご存じでしょうか？

うーん，よくわかりません。

音が進むよりも速く音の発生源が移動すると，発生時刻のことなる多数の音の波（音波）の強い部分が重なり合い，非常に大きな音になります。これが衝撃波です。
チェレンコフ光が生じるしくみは，音の衝撃波が生じるしくみと似ていると思っていただければ結構です。

ふむふむ。

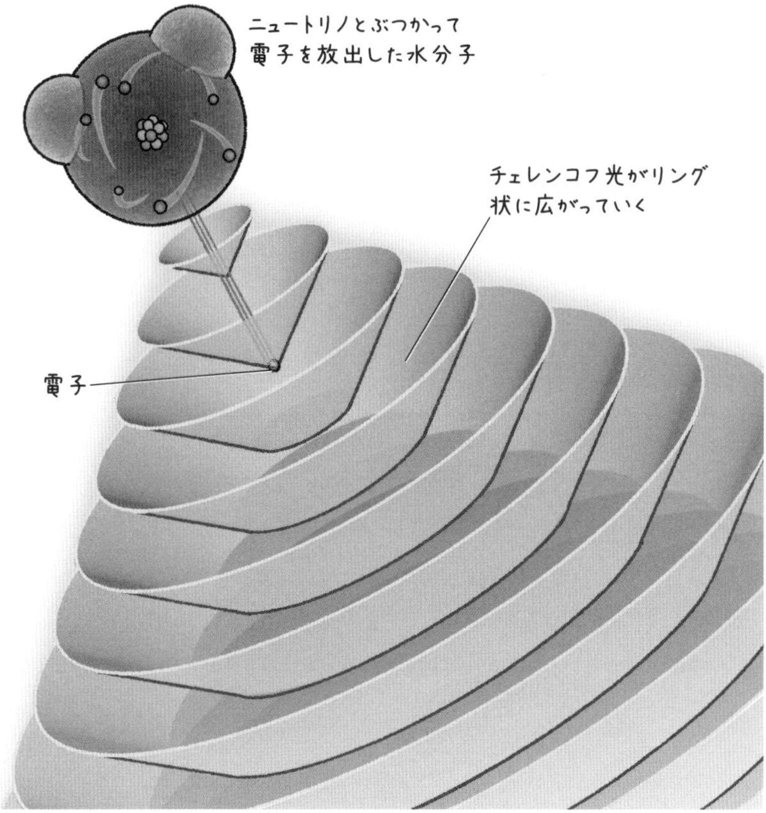

音の発生源が音速より速く移動したときに生じるのが衝撃波で，電子などが光速より速く移動したときに生じるのがチェレンコフ光，ということです。

なるほど。
ちなみに，ニュートリノってどんな粒子なんですか？
さっきもレースで出てきましたけど。

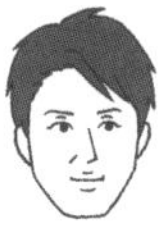

ニュートリノは宇宙からつねに降り注いでいる素粒子で，その数は1平方センチメートルあたり，**毎秒600億個**と膨大な量になります。ただし，いわゆる普通の物質と反応することはほとんどないため，私たちの体や地球を，何事もなく通り抜けていきます。

何でもすり抜けるニュートリノ

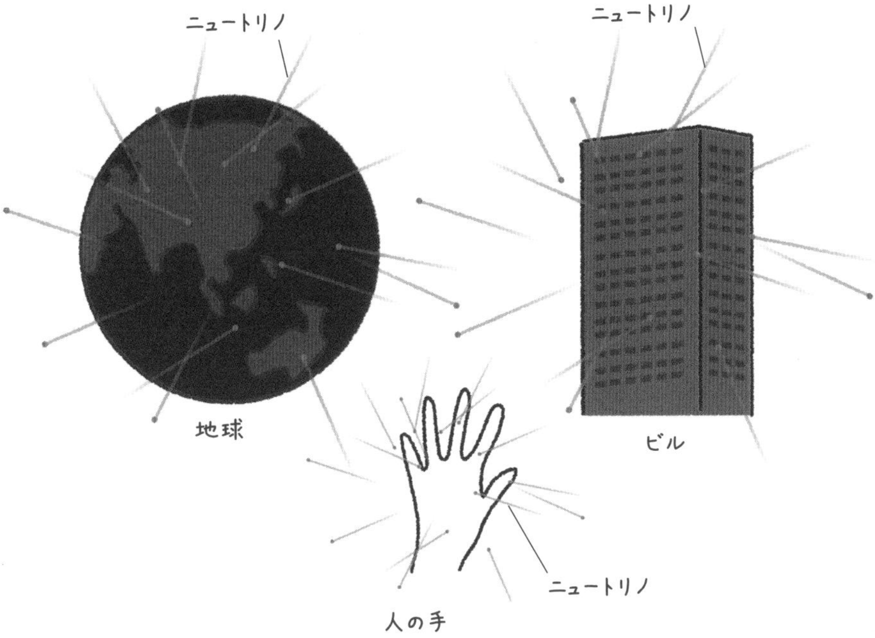

私たちの体を，そんなにたくさんの素粒子が通り抜けているなんて，知りませんでした。

ただし，キャッチするために**5万トンの水**をたたえたスーパーカミオカンデであっても，1日に30個程度しか，ニュートリノは観測されないそうですよ。

最初から超光速の粒子なら，存在している可能性がある

うう～ん，どうしても光速の壁は越えられないのかな。光速を超えるいい方法，ないんでしょうか？

実は，ひょっとすると光速以上を実現することができる仮説があります。

すごいじゃないですか！
そ，それって，どんな仮説なんですか!?

相対性理論では，どんなに物体を加速しても，その速さは光速を超えないとされています。
ここまではいいですね？

はい。
今までの説明で，それはよくわかりました。

でも，**はじめから超光速で動くもの**であれば，相対性理論とは矛盾しないことになります。
相対性理論が禁じているのは，あくまでも光速未満で進んでいたものが加速して，光速を超えることなのです。

最初っから超光速？

1967年，アメリカの物理学者**ジェラルド・ファインバーグ**（1933～1992）は，最初から超光速で進む仮想的な粒子を**タキオン**と名づけました。
タキオンとは，ギリシア語で「速い」という意味をもつ「タキス」という言葉に由来しています。

ほうほう。

普通の物体と同じく，タキオンの移動速度は速くなったり遅くなったりしますが，それはつねに超光速です。
普通の物体は，どんなに加速しても光速以上で進むことができませんが，タキオンは逆に，「どんなに減速しても，光速以下で進むことができない」のです。

おもしろい性質ですね。

おもしろい性質といえば，次のような性質もタキオンにはあります。
自転車に乗ってゆっくりと進む人をうしろから押すと，自転車の速度が上がりますよね？

つまり，物体の移動速度を上げたいなら，ふつうは何らかのエネルギーをあたえる必要があるわけです。

ええ，常識です。

ところがタキオンは，これとは正反対に減速していくのです。これは，うしろから押すと減速し，うしろからひっぱる（ブレーキをかける）と加速するようなものです。

ううむ，ますますよくわからん性質です。

世界を構成する粒子は，「出すことができる移動速度」によって三つに大別できます。一つ目は，ゼロ以上光速未満の速度でしか進めない粒子で，これを**タージオン**とよびます。いわゆる普通の物質をつくる粒子です。

私たちの体をつくっている粒子は，このタージオンってわけですね。

その通りです。
一方，光や重力のように，つねに光速でしか進めない粒子を**ルクシオン**，そして，つねに光速より速く進む粒子を**タキオン**といいます。

タキオンは，実際に見つかっているんですか？

タキオンの存在は，実証されていません。現時点ではあくまでも存在する可能性が理論的に予言されている段階の粒子だといえます。

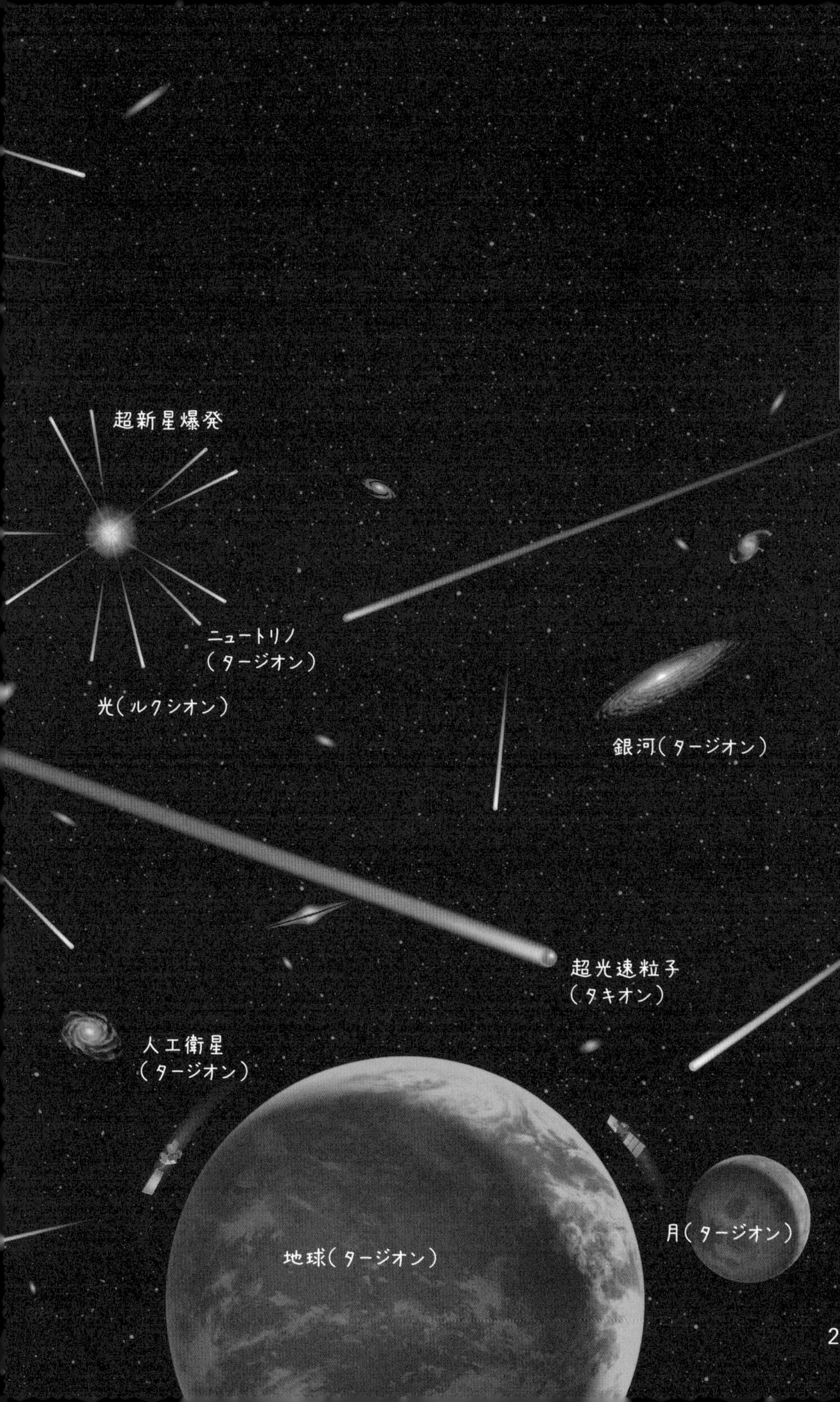
超新星爆発
ニュートリノ
（タージオン）
光（ルクシオン）
銀河（タージオン）
超光速粒子
（タキオン）
人工衛星
（タージオン）
地球（タージオン）
月（タージオン）

超光速粒子タキオンの存在は謎のまま

まだ発見されていないタキオンですが，それを見つけようという試みはありました。

光よりも速く動く粒子を発見できるんですか？
どうやって，発見しようとしたんでしょうか？

1968年，アメリカ，プリンストン大学の物理学者**アルベガー**らによって，タキオンを検出する実験が行われました。
ただし，検出しようにもタキオンの性質はまるでわかっていません。そこで彼らは，超光速で進むことなどを除いて，タキオンは通常の粒子と同じような性質をもつと仮定しました。

ほうほう，なるほど。

高エネルギーの光である**ガンマ線**を物質に当てると，ガンマ線のエネルギーが物質化し，電子と陽電子（電子の反粒子）のペアが生じます。
アルベガーらは，ガンマ線のエネルギーから，**タキオン**と**反タキオン**（タキオンの反粒子）のペアも生じうると考えました。

ちょっと待ってください！
反粒子ってなんです？

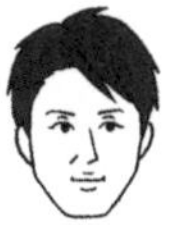

素粒子には，おびている電気のプラス・マイナスが反対の粒子が存在します。それが**反粒子**です。
たとえば，電子はマイナスの電気をおびていますが，電子の反粒子である陽電子はプラスの電気をおびています。
ある場所で強いエネルギーをあたえると，粒子と反粒子のペアが生まれてくることがあるんです。これを**対生成**といいます。

なるほど。
タキオンとその反粒子を対生成させようとしたんですね。

そうです。ただしタキオンは，私たちの世界を構成する通常の粒子とは反応しないと予想されているため，タキオンを直接的に検出することはできません。そこで，**チェレンコフ光**を利用することにしました。

チェレンコフ光！

先ほども登場しましたが，電気をおびた粒子が光より速く移動すると出てくる光です。通常の粒子は真空中で光より速く動くことはできませんから，もし真空中でチェレンコフ光が発生したら，それはタキオンが存在した証拠にほかならないというわけです。

ほほう！　それで，結果はどうだったんですか？

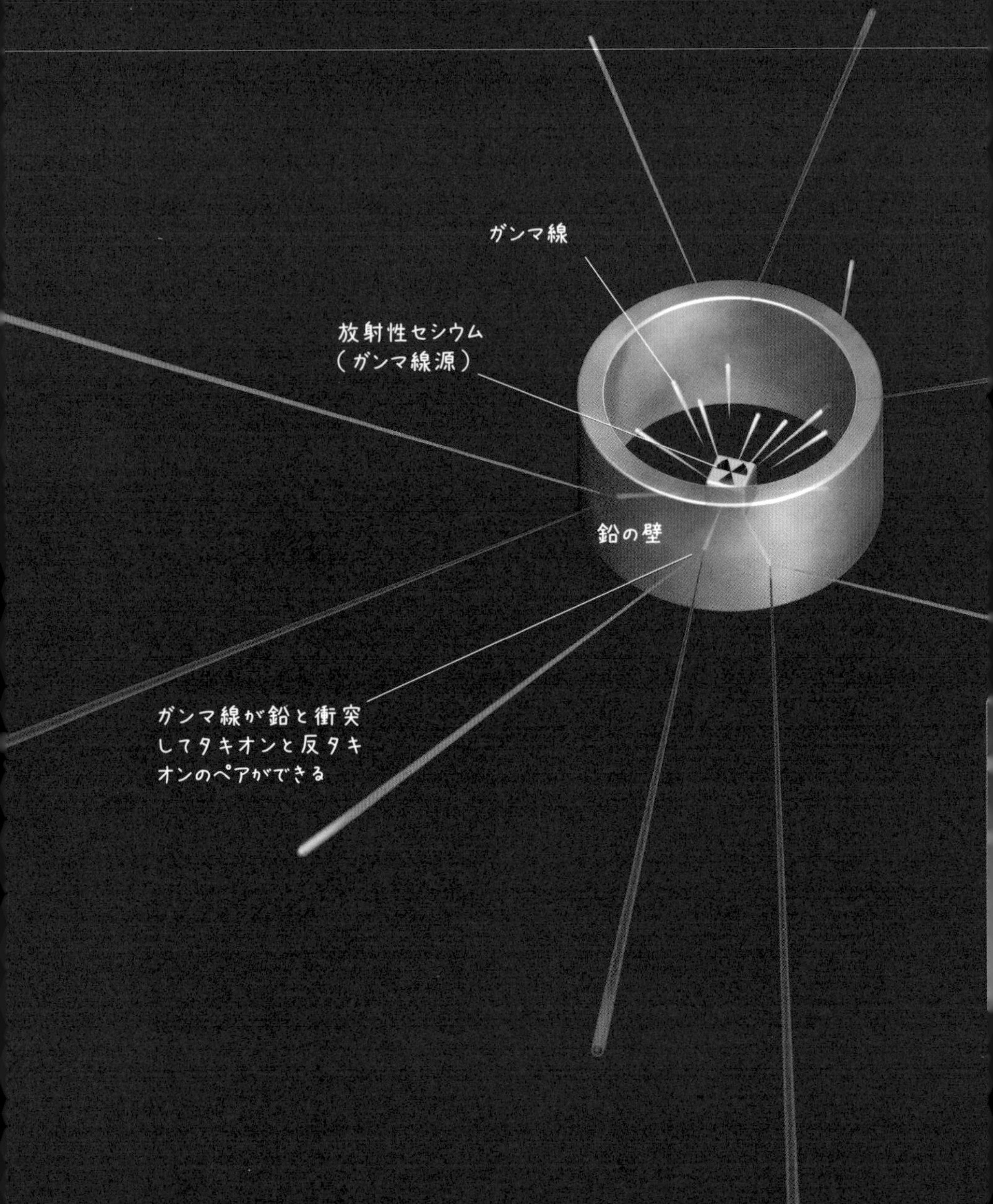
ガンマ線
放射性セシウム
（ガンマ線源）
鉛の壁
ガンマ線が鉛と衝突
してタキオンと反タキ
オンのペアができる

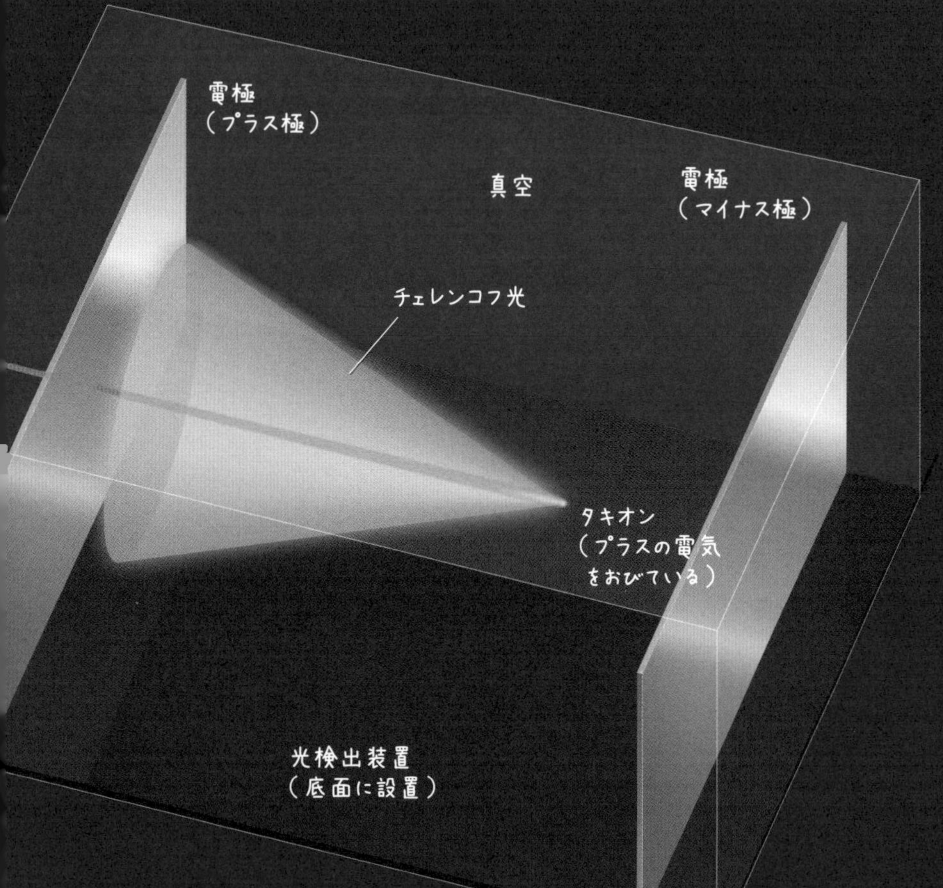
電極
（プラス極）
真空
電極
（マイナス極）
チェレンコフ光
タキオン
（プラスの電気
をおびている）
光検出装置
（底面に設置）

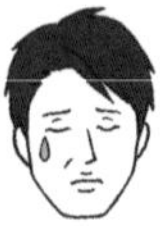

残念ながら，タキオンの存在を示す証拠は見つかりませんでした。その後も，別の方法でタキオンを検出しようとする実験がいくつか行われましたが，いずれも検出には至っていません。

ええ〜！　ガックリですよ。残念！

このように実験で検出されなかったうえに，タキオンが存在すると，原理的に過去へ情報を伝えることが可能になります。
科学の大前提である「因果律」を破ってしまう可能性があるため，現在では多くの物理学者はタキオンはおそらく存在しないだろうと考えているようです。

そうなんだ……。

ただし，タキオンが存在しないことを証明するのは困難であり，タキオンの存在は完全に否定されたわけではありません。
人類がタキオンを発見し，利用できるようになる道は閉ざされたわけではないといえるでしょう。

私たちの日常の現象から「光」の基本的な性質がわかりましたし，さらには光速についていろいろ教えていただいたおかげで，「光」が関係する不思議な現象も理解できました。ホントにおもしろかったです！
先生，今日はどうもありがとうございました。

偉人伝❹

物理学を一変させた，アルバート・アインシュタイン

アルバート・アインシュタインは1879年，ドイツのウルムに生まれました。子供のころのアインシュタインは，ひとり遊びが好きで，友達とはあまり遊ばなかったようです。数学に興味をもつようになり，16歳までに微分と積分を独学で勉強しました。

奇跡の年がおとずれた

1895年，アインシュタインは，チューリッヒにあるスイス連邦工科大学を受験しました。数学と自然科学の成績はよかったものの，言語や歴史の成績が悪かったため，試験は不合格でした。その翌年に再度受験し，無事合格します。大学では電気工学と物理学を学びました。

大学卒業後は特許局に勤めました。仕事のかたわらに，研究に打ちこみました。そして1905年，物理学を一変させる理論「特殊相対性理論」を発表します。これは時間の進み方や空間の長さは，動いている人や物の速さに応じて伸び縮みすることを明らかにした理論です。特殊相対性理論によると，高速で移動している人の時間は遅くなり，さらに空間が縮むことになります。

アインシュタインが1905年に発表した革命的な論文はこれだけではありませんでした。ノーベル賞の受賞理由となった「光粒子仮説」や，「ブラウン運動の理論」など，5本の論文をたてつづけに発表したのです。1905年は，「奇跡の年」とよばれています。

さらに1915～1916年には，特殊相対性理論を発展させて，「一般相対性理論」を完成させました。これは，重力が時空（時間と空間）のゆがみによって生じると考える理論です。

そのほかにもアインシュタインは，宇宙論や量子力学などの研究にも取り組みました。そしてある時期から，重力と電磁気力を統一する「統一理論」の研究に没頭しはじめますが，結局それを成し遂げることはかないませんでした。

平和活動を推進

1933年，ナチスのユダヤ人弾圧がはじまったため，アインシュタインは，ドイツを出国し，アメリカに亡命します。そしてナチスの脅威を背景に，アメリカ大統領に原子爆弾の開発を進言する手紙に署名しました。

戦後，手紙に署名したことをアインシュタインはひどく後悔し，軍縮を訴えるなど，平和活動を行いました。1955年4月11日，哲学者ラッセルとともに核兵器廃絶を訴える宣言に署名します。そしてその月の18日，アインシュタインは76歳で心臓病のため死去しました。

索引

あ

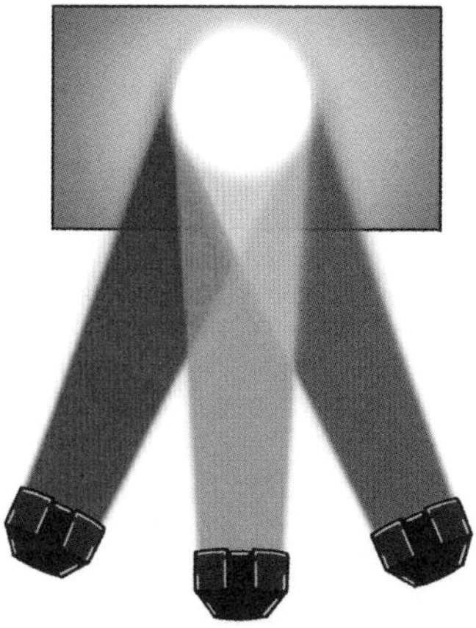

か

さ

た

な

は

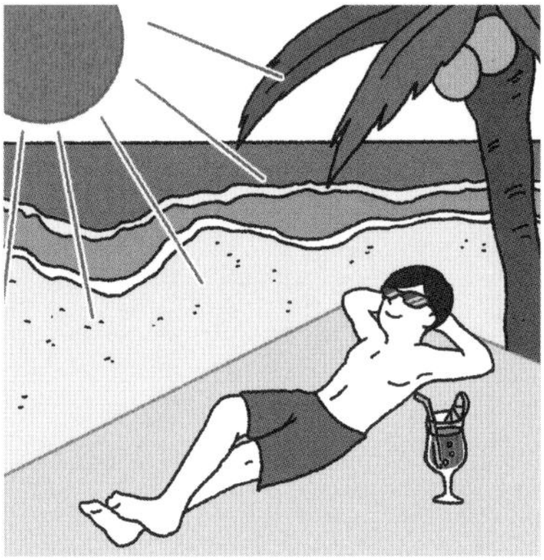

ま・ら

主な内容

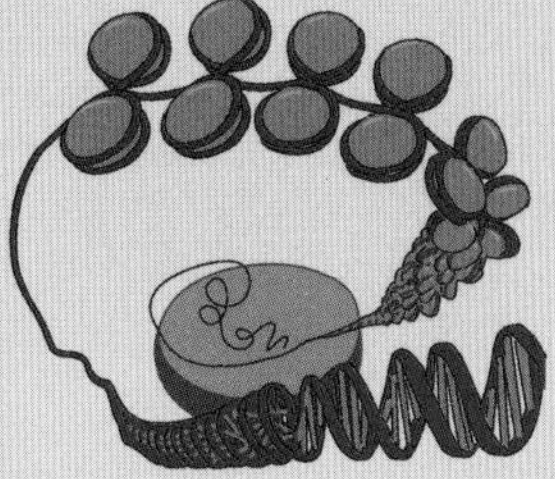

これが細胞だ！

細胞はすべての生物の基本単位
細胞の中を見てみよう

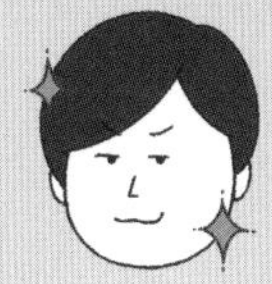

体をつくるたくさんの細胞

特殊なはたらきをもつ細胞たち
細胞は分裂して増える！

細胞の老化と再生医療

細胞の老化や死が病気を引きおこす
ES細胞とiPS細胞

人体に住み着くよそもの細胞

人体には数十兆個もの細菌がすんでいる
住み着いている細菌は人それぞれ

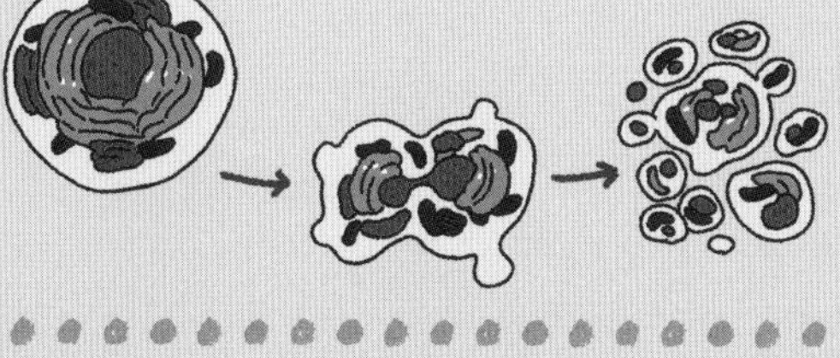

Staff

Editorial Management	中村真哉
Editorial Staff	井上達彦
Cover Design	田久保純子
Writer	小林直樹

Illustration

表紙カバー	松井久美
表紙	松井久美
先生と生徒	松井久美
4	松井久美, Newton Press
5	羽田野乃花, 松井久美
6	佐藤蘭名, 松井久美
7	松井久美, Newton Press
8	Newton Press
9	松井久美
10	羽田野乃花
11	松井久美
12~15	松井久美
16	羽田野乃花
17~24	松井久美
27~38	羽田野乃花
39~48	松井久美
50~53	羽田野乃花
55~57	松井久美
59	羽田野乃花
60	松井久美
61~62	羽田野乃花
63~65	松井久美
66~72	羽田野乃花
73	岡田悠梨乃
75	羽田野乃花, Newton Press,
77~79	羽田野乃花
81	松井久美
82~83	Newton Press
85	松井久美
86~87	羽田野乃花
89	佐藤蘭名
90~91	羽田野乃花
92	松井久美
93	Newton Press
94~99	羽田野乃花
101~105	松井久美
107	羽田野乃花
108	Newton Press
109	羽田野乃花
111~112	松井久美
113	羽田野乃花
114~117	松井久美
119~124	羽田野乃花, Newton Press
125	松井久美
127~131	羽田野乃花
133~135	松井久美
137	松井久美, Newton Press
138~140	佐藤蘭名
141	松井久美
142~143	佐藤蘭名
144	松井久美
146~149	佐藤蘭名
151	松井久美
154~155	佐藤蘭名
157~159	松井久美
160~161	佐藤蘭名
163~165	Newton Press
167~171	松井久美
172~175	Newton Press
176	岡田悠梨乃
178~182	Newton Press
183	松井久美
187~188	Newton Press
189	小林 稔
190	岡田悠梨乃, Newton Press
192	羽田野乃花
193	Newton Press
195~197	小林 稔
200~201	松井久美
203	Newton Press
205	松井久美
206~207	Newton Press
210~211	羽田野乃花
213	Newton Press
215	岡田悠梨乃
217	岡田悠梨乃, Newton Press
218	羽田野乃花
220~221	Newton Press
222	松井久美
225~229	Newton Press
231	松井久美
233	佐藤蘭名
235	羽田野乃花
239~244	佐藤蘭名
245~246	松井久美
248	羽田野乃花
250~251	加藤愛一
254~263	松井久美
264	佐藤蘭名
266~267	Newton Press
269~271	松井久美
272	岡田悠梨乃
274~280	Newton Press
283~285	松井久美, Newton Press
286	羽田野乃花
290~291	小林 稔
294~295	吉原成行
299~301	松井久美
302~303	羽田野乃花

監修（敬称略）：
吉田直紀（東京大学大学院教授）

やさしくわかる！
文系のための 東大の先生が教える
光の不思議

2023年6月30日発行

発行人　高森康雄
編集人　中村真哉
発行所　株式会社 ニュートンプレス　〒112-0012 東京都文京区大塚3-11-6
https://www.newtonpress.co.jp/

ISBN978-4-315-52708-7